ZHONGHUA
DA CHANCHU YANGZHI
MOSHI YU JISHU

中华大蟾蜍
养殖模式与技术

詹常森　主编

上海交通大学出版社
SHANGHAI JIAO TONG UNIVERSITY PRESS

内容提要

本书分为四章,第一章为中华大蟾蜍养殖产业发展概况,讲述了蟾酥及其重要价值、相关政策和产业发展情况;第二章为中华大蟾蜍养殖模式,讲述了一体化养殖、生态箱养殖、功能模块化养殖和野生抚育等4种养殖模式的操作和特点;第三章为中华大蟾蜍养殖技术及蟾酥质量控制研究,讲述了蝌蚪、幼蟾、成蟾三个阶段的养殖技术,中华大蟾蜍资源分布特征以及蟾酥全产业链质量控制研究及成果;第四章为养殖注意事项,包括水质调控,蝌蚪期、变态期、幼蟾期管理,以及中华大蟾蜍常见疾病的防治和天敌的防控。

本书供中药资源研究人员及中华大蟾蜍养殖人员参考。

图书在版编目(CIP)数据

中华大蟾蜍养殖模式与技术/詹常森主编. —上海:
上海交通大学出版社,2022.10
ISBN 978-7-313-27631-5

Ⅰ.①中… Ⅱ.①詹… Ⅲ.①大蟾蜍−饲养管理
Ⅳ.①S865.4

中国版本图书馆 CIP 数据核字(2022)第 185835 号

中华大蟾蜍养殖模式与技术
ZHONGHUA DACHANCHU YANGZHI MOSHI YU JISHU

主　　编:詹常森
出版发行:上海交通大学出版社　　　　　　地　　址:上海市番禺路 951 号
邮政编码:200030　　　　　　　　　　　　电　　话:021-64071208
印　　制:上海景条印刷有限公司　　　　　经　　销:全国新华书店
开　　本:880mm×1230mm　1/32　　　　　印　　张:6.125
字　　数:147 千字
版　　次:2022 年 10 月第 1 版　　　　　　印　　次:2022 年 10 月第 1 次印刷
书　　号:ISBN 978-7-313-27631-5　　　　音像书号:978-7-88941-562-0
定　　价:49.00 元

编委会

主　编

詹常森

副主编

姜　鹏　高子阳

编　委

梁辉晖　赵子豪　东新旭

序一

  蟾酥是一种重要而且名贵的中药材,近年来其价格猛涨到每千克 10 万元以上,已和冬虫夏草价格相当,但仍然供应短缺。目前国家药品标准收载含蟾酥的中成药共 99 种,蟾酥原料的短缺必将影响上述中成药品种的生产和供应,从而影响临床用药需求的满足。

  导致蟾酥原料短缺的因素是多方面的。自 2010 年以来,一方面由于城镇化建设导致蟾蜍栖息地减少、民间食用蟾蜍量增长等使得蟾蜍野生资源量锐减;另一方面随着含蟾酥中成药、兽药临床应用的增长,中成药生产企业及兽药生产企业对蟾酥药材原料的需求不断增加,蟾酥供应与需求之间的矛盾日益凸显。解决这个矛盾的路径有两条:一是通过化学方法或生物方法人工合成蟾酥,完成新药研究,申报国家药品监督管理局审批注册,使其成为工业化产品;二是通过人工规模化养殖中华大蟾蜍,实现蟾酥药材量产。相比较而言,前者需要破解的法规和技术难题较多;后者则需要探索养殖模式、突破规模化养殖技术,可行性更强。

  探索规模化养殖模式和养殖技术,对于我国中药农业领域来说是一项新的课题。长期以来,高校、科研单位、企业对蟾酥药材的研究集中于化学成分、药理作用、质量标准以及源于蟾酥成分的创新药物开发,对中华大蟾蜍养殖的技术研究基本没有涉足。因此,我国中华大蟾蜍养殖技术水平远远落后于牛蛙、黑斑蛙、棘胸蛙、林蛙等其他人工养殖的两栖动物。上海和黄药业有限公司詹常森博士团队通过9年时间在山东、辽宁和吉林等地中华大蟾蜍养殖基地的调研观察、探索试验和深入研究,取得一系列重要进展和可喜成果,并通过转化和推广的实践,初步形成产业规模,使行业发展呈现上升态势。

本书首次系统介绍了我国中华大蟾蜍养殖产业发展现状、中华大蟾蜍一体化养殖、生态箱养殖、功能模块化养殖、野生抚育等4种养殖模式,中华大蟾蜍蝌蚪期、幼蟾期(体重≤5 g)、成蟾期养殖技术,以及中华大蟾蜍资源分布特征、蟾酥全产业链质量控制研究成果。书中对影响人工规模化养殖成败的细节或诀窍以养殖注意事项的方式进行了介绍,并对当前中华大蟾蜍养殖产业面临的困惑和需求进行了详细解答。纵观全书内容,研究成果的创新性、应用性强,养殖方法和技术的实践性、操作性突出,是目前我国中华大蟾蜍养殖产业和相关科学研究领域水平较高的一部学术与实操相结合的著作。相信该书的问世,必将推进中华大蟾蜍养殖产业的快速发展,实现乡村振兴和中医药事业的互惠发展,实现养殖户、养殖企业、中成药企业、地方政府多赢。

谨以此序祝贺此书出版。

陈凯先

中国科学院院士

上海中医药大学终身教授

中国科学院上海药物研究所研究员

2022 年 7 月 18 日

序二

　　2021 年,全国人大常委会修订了《中华人民共和国野生动物保护法》;国家林业和草原局修订了《国家重点保护野生动物名录》《国家重点保护野生植物名录》。上述法规强化了对野生动植物药材的严格管控。这次国家重点保护的野生动物增加了 517 种,野生植物增加了 847 种。野生动物植物药材的可及性成为中药行业面临的重大课题。蟾酥来源于野生动物中华大蟾蜍的干燥分泌物,是许多中成药的原料药材之一,也面临可及性的问题。

　　野生动物从野生变家养,是一场革命,我们深知其中的难度,但作为公司产品的原料,我们别无选择。2014 年,上海和黄药业有限公司正式启动了中华大蟾蜍人工养殖的攻关工作。一开始,我们就确立了"技术先行"和"因地制宜"两个策略,前者指的是进行中华大蟾蜍养殖全过程技术攻关,掌握"卡脖子"的关键技术;后者指的是在不同地理、气候环境下探索不同的养殖模式。9 年来,公司蟾酥基地团队在山东单县、辽宁桓仁、吉林敦化、山东微山进行了大量的研究和探索,掌握了中华大蟾蜍人工规模化养殖、蟾酥鲜浆标准化加工、蟾酥品质评价及其影响因素等 20 余项关键技术,在不同环境下探索了一体化养殖、生态箱养殖、功能模块化养殖、野生抚育等 4 种养殖模式。

中药农业科技要根据动植物的物候特征开展，养殖野生动物要遵从其自然条件下的生长习性。蟾蜍养殖试验每一年为一个周期，公司蟾酥基地团队进行了 4 种模式养殖及几十项技术试验，在不断试错中经历了 9 年时间，终于获得人工规模化养殖的成功。

产业需求是推动科技成果转化的重要动力。下一步，上海和黄药业有限公司蟾酥基地团队将面向蟾蜍养殖企业和农户进行培训推广和技术服务，带动中华大蟾蜍养殖产业规模和质量的提升，为百姓增收和地方经济发展作出积极贡献。

周俊杰

中国中药协会副会长
上海和黄药业有限公司总裁
2022 年 7 月 20 日

前言

　　蟾，一个美好的名字。在古代传说里，"蟾"等同于"月"，蟾蜍为月之精华，蟾魄为月亮的别名，蟾宫就是月宫，蟾光即为月光，蟾钩指月牙，蟾盘指圆月，等等。

　　2300年前，屈原在《天问》中写道："夜光何德，死则又育？厥利维何，而顾菟在腹？"，意思是，夜晚的月亮啊，你有什么德行，为什么死了又能重生？难道你如此美好的原因，是因为你腹中有蟾蜍吗？

　　长沙马王堆汉墓帛画，描绘了古人心中的天国：一边是太阳和扶桑树，另一边是皎洁的弯月，上面有一只大蟾蜍和一只小兔子，云雾缭绕。一轮弯月下是飞腾升仙的美女嫦娥。

　　由此看来，蟾蜍、兔子、嫦娥、月亮，从西汉末年起就成为人们对美好生活的寄托。

　　关于蟾蜍和兔子为什么在月亮中，有各种传说和解释，理性的解释是：晚上观月的时候，可以看到月亮表面的阴影大致有两块：左边的那块较大，酷似张开四肢的蟾蜍，右边的那块则像奔跑的兔子，一动一静，一阳一阴。古人的想象为月夜增添了生活的乐趣，同时也说明蟾蜍和兔子是在村前屋后陪伴他们的伴侣。

同样,让我们对乡村田园生活充满向往的是南宋辛弃疾的词《西江月·夜行黄沙道中》:"明月别枝惊鹊,清风半夜鸣蝉。稻花香里说丰年,听取蛙声一片。七八个星天外,两三点雨山前。旧时茅店社林边,路转溪桥忽见。"这是一幅江西上饶的夏夜图,树林溪桥,稻花飘香,蛙声伴奏。可以明确的是,在江南的夏夜里,青蛙和蟾蜍都在鸣叫,一个高亢,一个深沉。

带着"蛙声一片"的梦想,上海和黄药业有限公司蟾酥基地团队于 2014 年开展中华大蟾蜍养殖,山东单县、辽宁桓仁、吉林敦化、山东微山记录了我们奋斗的历程。每年初春数百万只蝌蚪黑压压、一群群分布在池塘水中的时候,都让我们充满欣喜和期待,这种喜悦一直持续到幼蟾一片片爬上岸。但随着幼蟾的不断死亡,以至于 7 月底所剩无几时,我们的失望和沮丧之情可想而知。袁隆平院士是我们的精神灯塔,他曾说过:"人就像种子,要做一粒好种子。"我们就是要做一粒实现"中华大蟾蜍人工规模化养殖"的好种子,让它在我们身上开花结果。在前行的路上,我们不断地积攒着力量和信心。2018 年,我们编写出版了《中华大蟾蜍养殖基地技术手册》,将中华大蟾蜍养殖的功能模块和生物保护模式利用的理念进行了介绍。近年来,我们在不同地区根据不同环境,对养殖模式及技术应用进行了探索。我们认为模式和技术是蟾蜍养殖的关键,而这两者都要遵从自然条件下蟾蜍的习性。本书聚焦一体化养殖、生态箱养殖、功能模块化养殖、野生抚育这 4 种养殖模式及相关技术,并将蟾酥全产业链质量控制研究成果进行转化应用,系统介绍了中华大蟾蜍成功养殖的经验,兼顾了实操性和学术性,许多经验和研究成果为我们蟾酥基地团队在国内首次提出。

通过多年的摸索,我们总结了中华大蟾蜍养殖成功的"四步曲":第一步,蝌蚪养殖变态成幼蟾,幼蟾上岸体重必须要达到 0.2 g 以上;第二步,上岸第 1 月,幼蟾以较高成活率尽快长到 1 g,

度过生命的极度危险期;第三步,上岸第2月,1g的幼蟾以较高成活率长到5g,并完成颗粒饲料驯化,度过生命的次危险期;第四步,上岸第3～4月,5g的蟾蜍以极高成活率长到50g,完成蟾酥鲜浆的积累。中华大蟾蜍体重达50g即可出栏取浆,加工成蟾酥。上述养殖过程概括为"保活"和"升酥"两个阶段。

　　我们为自2010年以来由于两栖环境的减少和致死性利用而导致的野生中华大蟾蜍资源日渐衰竭的现状感到痛心,真切地期盼辛弃疾笔下的"蛙声一片"能重新回到我们生活的环境中。为此,我们团队及时将亲身实践总结出来的中华大蟾蜍养殖的研究和应用成果编辑成册,毫无保留地与中药资源研究人员及中华大蟾蜍养殖人员分享。我们在山东微山养殖基地养殖中华大蟾蜍的过程中,得到了山东省微山县南四湖综合管理委员会、微山县渔业养殖试验中心的大力支持,也得到了养殖户朋友的帮助,在此表示衷心的感谢!此书出版后,希望连同《中华大蟾蜍养殖基地技术手册》一起,提高全社会对中华大蟾蜍的认识,提高养殖户的养殖能力和技术水平,促进适宜养殖地区的政府部门扶持和发展中华大蟾蜍养殖产业;同时也为中药资源学学科的发展添砖加瓦。

詹常森

二〇二二年七月十日于上海

目录

第一章
中华大蟾蜍养殖产业发展概况

　　中华大蟾蜍(*Bufo bufo gargarizans* Cantor)是我国的一种重要的具有生态、科研和社会价值的动物。2010 年以后,由于城镇化建设的推进,导致中华大蟾蜍所需的两栖环境减少,加之致死性利用的原因,中华大蟾蜍野生种群资源锐减。于是,国内逐步有养殖户开展中华大蟾蜍的人工养殖,但由于有关中华大蟾蜍生长习性的研究资料较少,人们对其生理、生态的了解不够,养殖技术不成熟,一直未能形成规模、形成效益,多数养殖户选择了放弃。自 2021 年来,由于蟾酥价格猛涨,极大地推动了企业和民间力量养殖中华大蟾蜍的热情,提升了既往从业者的信心,激发了更多的农民和其他动物养殖户加入这个行业,也开始引起政府部门将蟾蜍养殖产业和乡村振兴事业对接的关注。

　　上海和黄药业有限公司自 2014 年开始成立中药材基地部门专门研究中华大蟾蜍的人工养殖,力求突破大规模养殖的技术难关,并进行推广应用。经过 9 年多不同模式的养殖探索,在不断吸取教训、总结经验的基础上,逐步形成了较为成熟的中华大蟾蜍人工规模化养殖技术,并带领一部分养殖户成功开展了规模化养殖实践。当今,我国大部分中华大蟾蜍养殖从业者都处于入门阶段,希望我们多年来探索的中华大蟾蜍养殖模式与技术能为这个产业提供"及时雨",滋润这个产业蓬勃发展、不断壮大。

第一节

蟾酥及其重要价值

一、蟾酥介绍

《中华人民共和国药典》(以下简称《中国药典》)规定,蟾酥(bufonis venenum)为中华大蟾蜍(*Bufo bufo gargarizans* Cantor)或黑眶蟾蜍(*Bufo melanostictus* Schneider)的干燥分泌物。多于夏秋二季捕捉蟾蜍,洗净挤取其耳后腺和皮肤腺的白色浆液,去杂,干燥,即为蟾酥。

蟾酥最早记载于古籍《药性本草》,云"蟾蜍眉脂"。《日华子本草》称之为蟾蜍眉酥。《本草衍义》中开始有"蟾酥"之名,"眉间有白汁,谓之蟾酥"。自此以后蟾酥的正名就此确定,并在接下来的历代药学、医学专著中广泛使用。

蟾酥由于产地来源、加工模具形状、采收次数、质量等级、炮制方法等的不同而有很多称谓,如"光东酥"指产于山东省临沂市莒南县的蟾酥,被《日本药局方》收载,为中国道地蟾酥;"杜酥"指产于江苏东南部苏州、南通一带的蟾酥;启东蟾酥也是中国道地蟾酥;"棋子酥"是将蟾酥鲜浆刮入棋子形模具中晒干后呈棋子状的蟾酥;"团酥"指将蟾酥鲜浆刮入圆形模具中晒干后呈圆形的蟾酥;"片酥"是指蟾酥鲜浆涂铺在塑料板、玻璃板、竹箬等板块或叶片状模具上晒干后呈薄片状的蟾酥;"回酥"指将蟾蜍耳后腺第二次刮取后的蟾酥鲜浆加工而成的蟾酥;"甲酥""血酥"是区别"光东酥"

优劣的称谓,"甲酥"为无杂质、质量上乘的光东酥,"血酥"指刮取蟾酥鲜浆时带血及其他杂质加工而成的质量较次的光东酥;"酒蟾酥"指采用白酒炮制的蟾酥。《本草纲目》又将蟾酥称为"月魄"。

蟾酥气微腥,味初甜,而后有持久的麻辣感,粉末嗅之作嚏。遇水即起泡沫,并泛出白色乳状液。团酥及棋子酥质坚硬,不易折断,断面棕褐色,角质状,微有光泽;片酥质脆,易碎,断面红棕色,半透明。蟾酥色泽会随着存放年限的增长而加深。

随着科学技术的发展和应用,蟾酥的质量标准也在不断完善和提升。蟾酥药材自 1963 年起载入《中国药典》,起初仅有性状鉴别;1977 年版《中国药典》增加了理化鉴别;1985 年版修订了鉴别项,增加了薄层鉴别项以及检查总灰分、酸不溶性灰分项;1990 年版起增加了"含量测定"项,采用紫外分光光度法以脂蟾毒配基为对照品,规定"本品含蟾毒内酯按脂蟾毒配基($C_{24}H_{32}O_4$)计,不得少于 15%";2000 年版起修订了"含量测定"项,改由高效液相色谱法进行含量测定,规定"本品按干燥品计算,含华蟾酥毒基($C_{26}H_{34}O_6$)和脂蟾毒配基($C_{24}H_{32}O_4$)的总量不得少于 6.0%";2020 年版《中国药典》增加了"特征图谱"项,蟾酥特征图谱应呈现日蟾毒它灵、蟾毒它灵、蟾毒灵、华蟾酥毒基和脂蟾毒配基 5 个成分;修订了"含量测定"项,在华蟾酥毒基和脂蟾毒配基的基础上增加了蟾毒灵成分,规定"本品按干燥品计算,含蟾毒灵($C_{24}H_{34}O_4$)、华蟾酥毒基($C_{26}H_{34}O_6$)和脂蟾毒配基($C_{24}H_{32}O_4$)的总量不得少于 7.0%"。

由于蟾酥来源于野生动物的分泌物,很多中药专业人士只研究蟾酥药材,对其来源动物基原、分泌物(蟾酥鲜浆)、加工过程缺乏了解,导致中药专业人士以及老百姓对其认识不足,甚至存在误区。上海和黄药业有限公司国家企业技术中心,在建设药材基地的同时,结合产业实际需求,对蟾酥药材进行了全产业链研究,取得了一些学术成果,这些成果有助于中药学专业人士和蟾蜍养殖从业者更深层次地认识中华大蟾蜍和蟾酥。

（1）从物种基原来看,中华大蟾蜍是最佳选择。虽然《中国药典》规定蟾酥可来源于中华大蟾蜍（*Bufo bufo gargarizans* Cantor）和黑眶蟾蜍（*Bufo melanostictus* Schneider）两种基原,但实际上黑眶蟾蜍不但资源量少,而且所产蟾酥均不合格。黑眶蟾蜍分布在中国北纬28°以下地区,经实地采集样品分析,指标性成分的含量达不到药典要求。

（2）不是所有分布地区的中华大蟾蜍所产蟾酥均合格。中华大蟾蜍分布在北纬25°以上的除新疆、西藏以外的中国所有地区,以及朝鲜、俄罗斯。经实地采集,针对我国19个省42县市的105个蟾酥药材样品,分析其物质基础和《中国药典》指标性成分含量,首次发现我国中华大蟾蜍基原的蟾酥药材品质存在"秦岭—淮阳丘陵—黄山、天目山"南北分界线,分界线以北地区蟾酥含量均符合《中国药典》要求,分界线以南地区含量均达不到《中国药典》要求。

（3）不同体重、不同性别的中华大蟾蜍所产蟾酥药材品质有差异。经采集山东、辽宁、吉林的不同体重中华大蟾蜍所产蟾酥样品进行分析,蟾蜍体重在30～50 g的阶段是《中国药典》所规定的蟾酥指标性成分含量最高的阶段;50～80 g的阶段含量次之;80～100 g及100 g以上的阶段含量较低。因此,从含量、产量、二次采集及采集后存活四方面考虑,50 g左右的中华大蟾蜍是采集蟾酥鲜浆的最佳选择。另外,经采集并分析,比较13省32个县中华大蟾蜍的64份雌雄对照样品,发现雄性中华大蟾蜍所产蟾酥的《中国药典》指标性成分含量均高于雌性中华大蟾蜍所产的蟾酥。

（4）蟾酥药材的外观颜色与蟾酥鲜浆干燥加工的温度、时间以及存贮的温度、时间有关。干燥加工过程中,温度越低、干燥时间越短，色泽越浅，可至浅黄色，指标性成分损失越少。干燥加工过程中颜色变深，与蟾酥中含有的大分子物质蛋白质受热变性有关；干燥加工过程中蟾毒配基类指标性成分含量的下降与其化学结构中的内酯环断裂转变为反邻羟基桂皮盐有关。蟾酥如在常温下保存，长时间后颜色会变深，可至棕黑色；亦可在微生物的作用下发生酸败，导致指标性成分下降，因此应保存在冷库（2～8℃）条件下，且温湿度越低越好。

二、蟾酥药用价值

蟾酥为贵细中药材，在我国用于防病治病已有 2 000 多年的历史。《本草经疏》中说："蟾王蟾酥……能发散一切风火抑郁、大热痈肿之候，为拔疗散毒之神药，第性有毒，不宜多用。"《本草便读》中说蟾酥可"善开窍辟恶搜邪，惟诸闭证救急方中用之，以开其闭"。《中国药典》记载蟾酥的功能与主治为：解毒、止痛、开窍醒神。用于痈疽疔疮、咽喉肿痛、中暑神昏、痧胀腹痛吐泻。

蟾酥的化学成分复杂，主要包括蟾蜍内酯类、吲哚生物碱类、甾醇类、有机酸类以及大分子化合物蛋白质等。蟾蜍内酯类成分是蟾酥的主要活性成分。目前已分离出 142 种，可分为蟾蜍二烯酸内酯类及其他特殊结构蟾蜍内酯类，属于脂溶性化合物。游离状态的蟾蜍二烯酸内酯类化合物为蟾毒配基类，如日蟾毒它灵、蟾毒它灵、蟾毒灵、华蟾酥毒基、脂蟾毒配基等；也可与辛二酸、精氨酸、含硫基团等结合，结合型化合物为蟾蜍毒素类，如蟾毒配基 C-3 位被精氨酸二碳酸酯、硫酸酯取代的衍生物。蟾酥为蟾酥鲜浆干燥加工制得，在这过程中，蟾蜍毒素类和蟾毒配基类成分之间会发生相应转化，蟾蜍毒素容易水解或在蛋白酶作用下生物转化成蟾毒配基，因此，蟾蜍毒素成分在蟾酥鲜浆中的含量比加工蟾酥成品后的含量高。蟾毒配基类成分在干燥加工中也发生转化，如脂蟾毒配基和华蟾素毒基在蟾酥鲜浆中含量更高,这是因为较高的干燥温度会使同样质量的蟾酥鲜浆中蟾毒配基的内酯环转变为反邻羟基桂皮酸盐,而使蟾毒配基类成分含量降低。吲哚生物碱类化合物是蟾酥中含量较高的另一大类活性成分,包括蟾毒色胺类和其他蟾毒色胺类,为神经递质 5-羟色胺及其次生代谢产物,属于水溶性化合物,目前已发现 16 种,如:N-甲基 5-羟色胺、N,N-二甲基 5-羟色胺、N,N,N-三甲基 5-羟色胺、蟾毒色胺、蟾毒色胺内盐、蟾蜍噻咛等。

蟾酥具有显著的强心、抗肿瘤、麻醉、止痛等药理作用。在蟾毒配基成分中,蟾毒灵、华蟾酥毒基、脂蟾毒配基、蟾毒它灵、日蟾毒它灵均有强心作用;蟾毒灵、华蟾酥毒基、脂蟾毒配基、蟾毒它灵有抗肿瘤作用;华蟾酥毒基止痛作用最强。蟾毒色胺类成分的主要作用是麻醉、止痛。

目前,国家药品目录中收载含蟾酥的中成药品种 99 个,其中心血管类药物 32 个、消炎止痛类药物 46 个,其他类药物 21 个,这些药物在临床上发挥着重要作用。2020 年版《中国药典》中收载的成方制剂中,含蟾酥中成药有 12 种,包括麝香保心丸、六应丸、牙痛一粒丸、牛黄消炎片、血栓心脉宁胶囊、灵宝护心丹、益心丸、熊胆救心丸、如意定喘片、金蒲胶囊、梅花点舌丸、痧药,《卫生部颁药品标准》(中药成方制剂)中也收载了众多含蟾酥的知名中药品种,如六神丸、通窍益心丸、心宝丸、蟾酥注射液等。蟾酥作为名贵药材还向日本、韩国及东南亚的一些国家出口,日本、韩国已将蟾酥列入本国药典。近年来,利用蟾酥成分中的抗肿瘤活性成分开发抗肿瘤创新药物也成为热点。由此可以看出,蟾酥药材在疾病治疗中发挥着重要作用,为我国和世界人民的健康作出了重要贡献。

蟾酥作为兽药原料,被《中国兽药典》收载。与《中国药典》有区别,规定了"浸出物"项,没有"含量测定"项。兽用蟾酥制剂具有疏风清热、凉血解毒、消炎、强心、平喘、提高机体免疫力等作用,兽医临床常用于家禽、牲畜的发热、气喘病、仔猪黄、白痢、免疫调节等。兽药产品有蟾酥喘康散、复方蟾酥苦参散、蟾酥双胆五黄注射液、蟾酥咳喘素、蟾酥注射液、蟾酥脂质体注射液、蟾桃流抗等。

三、蟾酥价格走势

近年来,随着中成药及兽药市场的发展壮大,蟾酥药材需求量越来越大,目前国内医药市场每年对蟾酥的需求量估算为 3 吨以上,兽药市场对蟾酥的需求估算为 2 吨以上。同蟾酥药材需求旺盛的市场相比,其来源物种中华大蟾蜍的种群资源急剧下降。2013 年开始的第四次全国中药资源普查工作对蟾酥资源调查的结果显示,江苏蟾酥采收量居全国之首,其次是山东。但据目前对我国各地区蟾酥供应情况的走访和了解,传统产区苏、鲁、皖等省份蟾蜍资源几乎消耗殆尽,已主要转向外地收购蟾蜍,然后在本地加工成蟾酥。因此,现在的江苏、山东实际是蟾酥加工量较大而不是野生蟾蜍资源量大。在 2012 年修订的《国家重点保护野生药材物种名录》中,中华大蟾蜍和黑眶蟾蜍的保护级别提升为二级,属于分布区域缩小、资源处于衰竭状态的重要野生药材物种。蟾酥传统主产地山东和江苏也分别将中华大蟾蜍列为省级重点保护陆生野生动物。

中华大蟾蜍野生资源锐减不断推高蟾酥药材价格。达到《中国药典》蟾酥指标性成分华蟾酥毒基和脂蟾毒配基总量不低于 6.0% 标准的蟾酥在 2000～2010 年期间的价格一直稳定在 1 万元/千克以下,之后 8 年内逐年以 10%～30% 的速度增长,2020 年后遭遇新冠疫情,国家打击非法捕捉、食用野生动物的行为,加之国内的生态环境保护,野生蟾蜍资源更加减少,蟾酥价格快速上涨,涨幅高达 50% 左右。至 2021 年底蟾酥市场最低收购价已近

10 万元/千克,和野生虫草价格相当,20 年间蟾酥价格增长了 83
倍。2001～2021 年蟾酥药材市场价格走势见图 1-1。

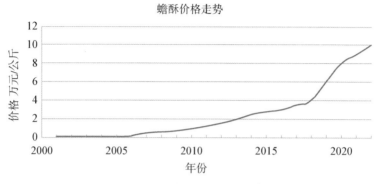

▲ 图 1-1　蟾酥价格年度走势图

　　目前蟾酥的价格等级主要由其所含的《中国药典》指标性成分
的总含量决定。在《中国药典》所载性状、鉴别、检查这些指标合格
的情况下,指标性成分的含量越高,价格越高;指标性成分的含量
越低,价格也越低。自 2000 年版《中国药典》使用高效液相色谱法
测定蟾酥指标性成分含量以来,2000～2015 年颁布的 4 版《中国
药典》均要求蟾酥中指标性成分华蟾酥毒基和脂蟾毒配基的总含
量不得少于 6.0%。现行 2020 年版《中国药典》的蟾酥含量测定
要求蟾酥中 3 个指标性成分华蟾酥毒基、脂蟾毒配基和蟾毒灵的
总含量不得少于 7.0%。

　　蟾酥中间体蟾酥鲜浆从蟾蜍耳后腺刮取后,可冷冻贮存。其
市场价格依据蟾酥干品得率和指标性成分的含量而定,因此蟾酥
鲜浆价格也是由其制成的蟾酥价格决定的。蟾酥鲜浆的交易对买
方来说存在较大的风险,风险来源于蟾酥鲜浆的品质是否均匀一
致,取样检测是否有充分的代表性。为保证蟾酥鲜浆的品质一致,
可以对蟾酥鲜浆进行均一化处理,交易标的物经过充分混匀后再

进行检测。蟾酥鲜浆的刮取见图1-2。

▲ 图1-2　蟾酥鲜浆

(A)采浆夹和刚夹取的蟾酥鲜浆；(B)从采浆夹中取出鲜浆
捏合成团置于玻璃、陶瓷或塑料容器

　　中华大蟾蜍为"三有"野生动物，野生资源受到国家法律保护。2020年2月24日，《全国人民代表大会常务委员会关于全面禁止非法野生动物交易、革除滥食野生动物陋习、切实保障人民群众生命健康安全的决定》发布，全面禁止以食用为目的猎捕、交易、运输在野外环境自然生产繁殖的陆生野生动物。2021年10月26日《中华人民共和国野生动物保护法》（2021年修正版）颁布，规定"猎捕非国家重点保护野生动物的，应当取得县级以上地方人民政府野生动物保护主管部门核发的狩猎证，并服从猎捕量限额管理""出售利用非国家重点保护野生动物的，应当提供狩猎、进出口等合法来源证明""利用野生动物及其制品的，应当以人工繁育种群为主，有利于野外种群养护，符合生态文明建设的要求"，等等。严格管控和保护野生资源、鼓励人工繁育种群是今后的行业规则，因此，人工规模化养殖中华大蟾蜍替代利用野生资源是解决蟾酥药材短缺问题的必然途径。

第二节

蟾蜍养殖相关政策

一、国家、相关部门和地区的相关政策

1. 中华大蟾蜍人工养殖相关政策

中华大蟾蜍和肉蛙均为两栖动物,但两者在养殖方面存在许多区别:

(1)与成熟的肉蛙养殖产业相比,中华大蟾蜍养殖处于起步阶段,产业发展规模较小。

(2)中华大蟾蜍养殖缺乏像蛙类较长时间的养殖技术积累,没有形成行业统一认可的技术规范和操作规程。

(3)中华大蟾蜍属于"三有"野生动物,养殖许可归口林业的野生动植物保护部门管理,而肉食蛙类归口农业部门管理。

(4)在市场方面,肉食的蛙类养殖市场价格波动较大,不少养殖户亏本,严重打击养蛙户的积极性;而中华大蟾蜍及蟾酥由于市场供不应求,价格一直上涨,经济效益可观,近年来已得到政府、农民和相关企业的关注和投入,政府已考虑蟾蜍养殖与乡村振兴产业对接,一部分养殖肉蛙的农户也在逐步转到中华大蟾蜍的养殖行业中。近年来在寻找新品种发展"林下生态中药"的背景下,林业部门也在关注和倡导。

中华大蟾蜍是蟾酥药材的主要来源动物,国家有关部门支持中华大蟾蜍人工养殖产业的发展。农业农村部、国家药品监督管理局、国家中医药管理局印发的《全国道地药材生产基地建设规划》中指出"保护濒危药材资源,推进野生品种驯化";工业和信息

化部、国家中医药管理局等部门印发《中药材保护和发展规划》,要求建设100种中药材野生抚育、野生变种植养殖基地,重点建设濒危稀缺中药材基地。《中华大蟾蜍、蟾酥规范化及规模化生产基地建设》项目于2016年获得工业和信息化部中药材提升和保障项目立项。2021年国家林业和草原局发布的《人工繁育陆生野生动物分类管理办法》中明确列出了中华大蟾蜍可以作为药用目的养殖。根据文件要求,凡是以药用目的开展的中华大蟾蜍人工养殖都可以依据此文向主管部门申请养殖许可证。该文件的发布也为广大中华大蟾蜍养殖户合法开展养殖提供了法规依据。

2. 中华大蟾蜍野生资源保护政策

在野生资源物种保护方面,中华大蟾蜍在国家层面被列为"三有"野生动物,即国家保护的有重要生态、科学、社会价值的陆生野生动物。各省根据本省资源的不同情况也出台了各自的陆生野生动物保护名录,有的省份将中华大蟾蜍列入省级重点保护物种名录,有的省份则仍然把其界定为"三有"野生动物。

二、证件办理情况介绍

根据各省对中华大蟾蜍的保护级别不同,各省对办理中华大蟾蜍养殖许可证的要求也有差异,以下为不同省市对中华大蟾蜍办证的规定:北京、江苏、安徽、湖北、四川五个省市单独出台文件指明了"三有"野生陆生动物人工繁育许可证的办理流程;河南、湖南出台了省级野生保护动物文件,里面包含了"三有"野生陆生动物的人工繁育许可证办证流程;山东、山西、陕西三省的部分县市出台了关于省级陆生野生动物的人工繁育许可证办理流程,但多数县市还是以国家重点野生动物的人工繁育许可证文件为准;黑龙江、吉林、辽宁、内蒙古、天津、上海、广东、广西、海南、贵州、西藏、重庆、云南、福建、江西、新疆、甘肃等省、自治区、直辖市暂无"三有"野生动物办证流程,以国家和地方重点野生动物人工繁育许可证办证流程为准。

各省市野生动物人工繁育许可证大都可网上办理,但也有少部分地区为现场窗口办理,办理周期一般为 20 个工作日,不收费用。不同省市的申请材料大体相同,也略有差异。一般都包含以下 7 项材料:

(1)野生动物保护管理行政许可事项申请表;

(2)国家重点/非重点保护野生动物人工繁育许可申请表;

(3)营业执照或中华人民共和国居民身份证;

(4)野生动物人工繁育、经营利用、疫病防治、安全保障及防范野生动物逃逸、突发事件应急处理、物资储备措施或方案;

(5)野生动物救治、饲养人员技术能力证明;

(6)申请人工繁育的野生动物种源来源材料;

(7)申请人工繁育的各种野生动物的固定场所、防逃逸设施、笼舍、隔离墙(网)等图片、面积、规格、安全性的说明材料。

不同省市的申请材料具体情况见表 1-1。

表 1-1　部分省市"三有"野生动物人工繁育许可证办理文件及申请材料

省份	政策文件	申请材料
江苏	《省重点和"三有"保护野生动物人工繁育许可证的审批》	1.与人工繁育目的相符合的说明材料;2.拟开展人工繁育活动的计划或方案,必要时必须提交拟开展人工繁育活动的可行性研究报告;3.野生动物人工繁育、经营利用、疫病防治、安全保障及防范野生动物逃逸、突发事件应急处理、物资储备措施或方案;4.野生动物人工繁育场所、设施的书面说明及相应文件或规划;5.野生动物人工繁育、救治人员的技术能力材料;6.申请人工繁育的野生动物种源来源材料;7.申请人身份材料;8.《江苏省重点和国家保护的"三有"陆生野生动物驯养繁殖许可证申请表》。

省份	政策文件	申 请 材 料
河南	《省重点保护陆生野生动物人工繁育许可证核发》	1.申请人的书面申请；2.所在县、市的现场审查意见；3.野生动物保护管理行政许可事项申请表；4.非国家重点保护野生动物人工繁育许可证申请表；5.营业执照或中华人民共和国居民身份证；6.引种协议及证明出售方身份、资格的有效文件；7.说明物种制品来源的资料；8.对其驯养繁殖固定场所具有相应使用权的有效文件；9.驯养繁殖所需资金来源文件；10.野生动物救治及饲养人员技术能力文件；11.从事野生动物驯养繁殖的可行性研究报告；12.野生动物饲料来源说明材料；13.申请驯养繁殖的各种野生动物的固定场所、防逃逸设施、笼舍、隔离墙等图片，及面积、规格、安全性的说明材料。
上海	《对国家重点保护野生动物人工繁育许可证的核发》	1.野生动物保护管理行政许可事项申请表；2.国家重点保护野生动物人工繁育许可申请表；3.区审核意见资料；4.证明申请人和委托代理人身份的有效文件或材料及代理关系证明；5.申请人工繁育的野生动物来源证明材料，包括引种协议书或意向书、有效批准文件、进出口证明书、收容救护处理文书；6.野生动物人工繁育的规划方案。
安徽	《省二级保护和有重要生态、科学、社会价值的陆生野生动物人工繁育许可证核发》	1.野生动物保护管理行政许可事项申请表；2.野生动物人工繁育许可证申请表；3.申请人工繁育的野生动物种源来源证明包括引种协议书或意向书有效批准文件进出口证明书收容救护处理文书。
四川	《非重点保护（"三有"）陆生野生动物人工繁育许可证核发》	1.从事野生动物人工繁育的可行性研究报告或总体规划，及野生动物饲料来源说明材料；2.野生动物保护管理行政许可事项申请表；3.动物防疫条件合格证；4.申请增加人工繁育野生动物种类的，需提交原有人工繁育的野生动物种类、数量和健康状况的说明材料，及已经取得的人工繁育许可证和相关批准文件、谱系档案建立、标记标识情况；5.野生动物救

中华大蟾蜍养殖模式与技术

省份	政策文件	申 请 材 料
		治及饲养人员技术能力证明；6.申请人工繁育的野生动物种源来源证明；7.证明其对人工繁育固定场所具有相应使用权的有效文件或材料；8.申请人工繁育的各种野生动物的固定场所、防逃逸设施、笼舍、隔离墙(网)等图片，及面积、规格、安全性的说明材料；9.野生动物人工繁育许可证申请表；10.证明申请人和委托代理人身份的有效文件或材料及代理关系证明。
山东	《人工繁育省重点保护野生动物许可》	1.人工繁育省重点保护野生动物许可申请表；2.证明申请人身份的有效文件或材料；3.申请人工繁育的野生动物种源来源说明；4.人工繁育固定场所具有相应使用权的有效文件或材料；5. 野生动物救治及饲养人员技术能力证明；6.申请人工繁育的各种野生动物的固定场所、防逃逸设施、笼舍、隔离墙(网)等图片,面积、规格、安全性及野生动物饲料来源的说明材料。
陕西	《人工繁育省重点保护野生动物许可证核发》	1.野生动物保护管理行政许可事项申请表；2.法人身份证明文件；3.营业执照；4.申请驯养繁殖的野生动物种源来源证明；5.人工繁育固定场所具有相应使用权证明；6.场地、周边环境、基础设施的情况说明；7.执业兽医师资格证明；8.承诺书。
湖南	《驯养繁殖国家二级保护和省重点保护野生动物审批》(陆生动物)	1.具有关于场地、种源来源、资金和技术条件方面的证明材料；2.申请单位或个人所在地县、市(区)林业行政主管部门的初审意见；3.申请单位或个人的申请报告(包括繁殖品种、目的、用途、场地自然环境、场地建设情况、技术条件)。
北京	《人工繁育列入名录的非国家重点保护陆生野生动物审批》	1.人工繁育列入名录的非国家重点保护陆生野生动物申请表；2.营业执照或事业单位法人证书；3.人工繁育场所使用权说明文件；4.固定场所和必需的设施说明文件；5.养殖场所平面图；6.救治及饲养人员技术能力及工作关系说明文件；7.省级人

省份	政策文件	申 请 材 料
		工繁育许可证;8.买卖双方签署的合同或买卖双方签署的协议;9.《允许进出口证明书》;10.收容救护处理文书。
天津	《人工繁育国家重点保护野生动物许可》	1.《野生动物保护管理行政许可事项申请表》;2.《国家重点保护野生动物人工繁育许可证申请表》;3.证明申请人和委托代理人身份的有效文件或材料及代理关系证明;4.野生动物救治及饲养人员技术能力证明;5.从事野生动物人工繁育的可行性研究报告或总体规划,及野生动物饲料来源说明材料;6.申请人工繁育的野生动物种源来源证明;7.申请人工繁育的各种野生动物的固定场所、防逃逸设施、笼舍、隔离墙(网)等图片,及面积、规格、安全性的说明材料;8.人工繁育固定场所所具有相应使用权的有效文件或材料;9.申请增加人工繁育野生动物种类的,需提交原有人工繁育的野生动物种类、数量和健康状况的说明材料,谱系档案建立、标记标识情况。

第三节

蟾蜍养殖产业发展概况

一、中华大蟾蜍养殖行业现状

为进一步规范野生动物的人工养殖产业,2020 年 9 月 30 日,国家林业和草原局发布《关于规范禁食野生动物分类管理范围的通知》,指导养殖户合法合规经营、有序有效转产转型,在科学评估论证的基础上,对 64 种在养禁食野生动物确定了分类管理范围,附件中将中华大蟾蜍、黑眶蟾蜍列为禁食野生动物分类管理范围二类,禁止以食用为目的的养殖活动,允许用于药用、展示、科研等非食用性目的的养殖。该项政策文件为开展以药用为目的的中华大蟾蜍养殖提供了政策支持和依据,蟾蜍养殖产业政策明朗,为产业的发展奠定了基础。

目前我国中华大蟾蜍养殖产业仍处于起步阶段,缺乏统一组织、统一协调、统筹规划。2020年以前,我国中华大蟾蜍养殖户分散发展、各自探索,很多进入该行业的养殖户想起小时候看到的房前村后到处爬行的蟾蜍,感觉养殖容易,没有充分预估到困难。由于缺乏对中华大蟾蜍习性的了解,或无法解决蟾蜍的食物、疾病、天敌、逃跑等问题,或缺乏细心和耐心,很多养殖户在养殖一到两年见不到成效后就放弃了。此外,有些不法经营者获知养殖户迫切需要养殖技术支持的情况,设立培训机构,打着养殖技术培训的旗号,通过欺骗的手段,收取高额学费,但实际上这样的机构并没有真正掌握全过程规模化养殖的技术,没有实操经验,带领学员参观场地的蟾蜍实际上都是捕捉的野生蟾蜍。因此,很多养殖户经培训后只得到一些理论知识,不可能养殖成功。总的来看,2020年之前,受制于养殖技术瓶颈,中华大蟾蜍人工养殖产业处于"风中蜡烛,流半边,留半边""梦里拾花,拾一朵,失一朵"的状态。

开创一番事业,需要坚持长期主义。多年来,蟾蜍养殖业的中坚力量上海和黄药业有限公司蟾酥基地团队在山东单县、辽宁桓仁、吉林敦化、山东微山等地,一方面建设蟾蜍养殖基地,从事蟾蜍养殖研究;一方面宣传蟾蜍养殖事业,当地的老百姓从一开始惧怕丑陋的蟾蜍,到后来喜爱笨拙的蟾蜍,最后加入我们的养殖队伍。上海和黄药业有限公司蟾酥基地团队由中药学、水产等相关专业博士、硕士、学士组成(图1-3),我们先当农民,再做科研,克服工作和生活中的各种困难,投入大量的时间、人力和物力,潜心研究中华大蟾蜍全过程养殖技术,在失败中吸取教训,总结经验,终于形成了中华大蟾蜍较高存活率的成功养殖方式,为中华大蟾蜍人工养殖产业提供可复制的经验和技术。

▲ 图 1-3 上海和黄药业有限公司蟾酥基地团队合影
(2022 年 7 月 26 日摄于山东微山基地)

鉴于广大中华大蟾蜍养殖户的迫切需求,2020 年 10 月 29 日至 30 日,上海和黄药业有限公司在山东省微微山县举办了"2020 首届中华大蟾蜍养殖技术交流会"(图 1-4),来自山东、江苏、安徽、河南等多省的 22 名蟾蜍养殖户以及当地政府人员参加了本次会议并进行了交流发言。中华大蟾蜍养殖技术交流会每年举办一次,成为广大中华大蟾蜍养殖户技术和信息交流的平台。同时也成为养殖户在困难中相互鼓励、相互支持的精神力量。

二、最新全国养殖户分布情况

随着国家对野生动物管控的加强,蟾蜍作为省重点或"三有"野生动物,同样被重点关注。野生蟾蜍资源的锐减以及国家对非

▲ 图 1-4 2020 首届中华大蟾蜍养殖技术交流会(山东微山)

法抓捕野生蟾蜍加强了惩治力度,导致蟾酥供应紧缺。目前药材市场中,蟾酥处于供不应求状态,且价格连年上涨,已从 2018 年的 3 万元/千克涨到 2022 年的 10 万元/千克以上,已经和冬虫夏草的价格相当。暴涨的价格带来了商机,并引起全社会的极大关注。如何解决蟾酥供应短缺的问题,只有两条路:一是人工化学合成或生物合成,走新药研发路径,由国家药品审批部门审批;二是人工规模化养殖,这是老百姓熟悉的一条路,但这条路并不好走,不同于林蛙和青蛙的养殖,蟾蜍缺乏一套被实践证明为成熟的养殖技术规程,养殖户都在摸着石头过河,多数因失败而放弃。过去 10 多年的蟾蜍养殖企业(公司、合作社、联合社)的注册数量和实际养殖数量的变化就反映了这一点。

截至 2021 年末,全国注册蟾蜍养殖企业 2 061 家,从 2015 年蟾酥价格上涨开始,出现大批量注册,2015~2019 年呈现井喷趋势,2019 年当年注册量达 682 家。2020 年以后受疫情和野生动物证件审批的影响,注册量有所减少,2020 年后陡降到 200 余家(2005~2017 年全国蟾蜍养殖企业注册数量见图 1-5)。在全国各省市中,陕西注册的蟾蜍养殖企业达 301 家,是唯一一个注册量突破 300 家的省份；四川有 233 家，紧随其后；安徽有 206 家，河南有 163 家。两个作为道地药材主产区的山东和江苏分别为 138 家和 144 家，中华大蟾蜍资源大省吉林省注册量达到 108 家，剩余的 754 家蟾蜍养殖公司分布在其他 20 个省份。截至 2021 年末，各省注册蟾蜍养殖企业数量如图 1-6 所示。

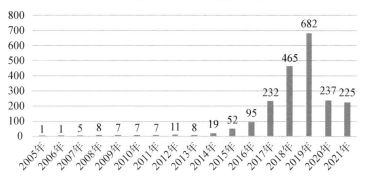

▲ 图 1-5　2005～2021 年全国蟾蜍养殖企业注册数量

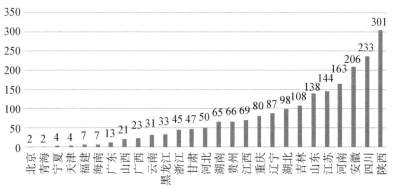

▲ 图 1-6　截至 2021 年末各省蟾蜍养殖企业注册数量

2021年末,作者团队曾进行电话调研,在这2061家注册企业中,50%左右已经转行或者因为疫情倒闭,40%左右无联系方式,目前还在坚持养殖的不足10%。虽然社会对中华大蟾蜍养殖表现了较大的兴趣,但仍在各自探索中,还未形成一个成熟的产业。

三、中华大蟾蜍养殖技术突破与产业展望

野生动物从野生变家养是一场革命,规模化是制约产业发展的瓶颈。通常实现规模化受到技术、资金、场地、市场的限制,但最核心的困难还是技术。例如,雄性林麝分泌麝香,我国的林麝养殖业从1992年开始人工驯化实践,到2010年开始规模化养殖,直到2021年底规模也不大,全国总饲养数量不足3万只,麝香年产量150千克左右。再如,蛤蟆油是中国林蛙雌蛙的干燥输卵管,我国东北地区从1994年开始林蛙的人工驯化实践,到现在仍然采取人工辅助野生模式养殖。野生动物的人工养殖必须要遵从野生动物的生长习性。中华大蟾蜍的特点是:高繁殖率、低成活率,是动物生态学中典型的机会主义者和r-选择(r-selection)物种(策略者)。幼蟾成活率是制约的关键,自然界的成活率不到1/1 000。野外环境中,中华大蟾蜍、中国林蛙、黑斑蛙、牛蛙这4种两栖动物中,蝌蚪变态后刚上岸的幼体体重分别为0.1 g、1 g、2 g、5 g左右,中华大蟾蜍的幼体是最小的,生存能力是最弱的,这就决定了中华大蟾蜍的养殖难度更大。

通过多年的摸索,上海和黄药业有限公司蟾酥基地团队总结了中华大蟾蜍养殖成功的"四步曲":第一步。蝌蚪养殖变态成幼蟾,幼蟾上岸体重必须要达到0.2 g以上;第二步,上岸第1个月,幼蟾以较高成活率尽快长到1 g,度过生命的极度危险期;第三步,上岸第2个月,1 g的幼蟾以较高成活率长到5 g,并完成颗粒饲料驯化,度过生命的次危险期;第四步,上岸第3~4个月,5 g的蟾蜍

以极高成活率长到 50 g，完成蟾酥鲜浆的积累。中华大蟾蜍体重达 50 g 即可出栏取浆，加工成蟾酥。这样，上岸后第 5 个月就可采集蟾酥鲜浆。基于产出优质蟾酥药材的目标，中华大蟾蜍养殖有两大核心任务：一是"保活"，也就是如何保证蟾蜍活下来。这是上岸后第 1~2 个月最重要的事情；二是"升酥"，就是如何提高蟾酥含量和产量。这是上岸后第 3~4 个月最重要的事情。总结整个养殖过程，要做到"两化（专业化、精细化）"管理。总结养殖日常工作，要做到"一准（饲料配方精准）、二清（场地清理、喂食台清洁）、三防（防病、防天敌、防异常天气）"。

实践证明，按最适宜采浆的 50 g 体重的蟾蜍计，中华大蟾蜍人工规模化养殖可以达到亩产 3 000 只（150 kg）以上，理想产量可达 20 000 只（1 000 kg）。如果能实现 1 万只蟾蜍产约 0.6 kg 蟾酥的野生蟾蜍产酥水平，按目前的市场价格，经济效益是可观的。上海和黄药业愿意继续发挥产业的领头羊作用，做好技术引领和示范，做好技术培训和交流；愿意与当地政府和养殖企业合作，做好产业统一规划，通过几年的努力，使之发展成为具有一定规模的成熟产业，成为适宜养殖地区乡村振兴产业的重要组成部分。

2022 年 3 月 17 日，农业农村部、国家林业和草原局、国家中医药管理局、国家药品监督管理局联合发布了《中药材生产质量管理规范》（GAP），蟾酥药材如何做到符合 GAP 要求，做到全过程追溯，是未来几年面临的任务。在中华大蟾蜍的养殖环节，通过深入研究与实践，不断优化种质资源、优化"保活"和"升酥"的措施，都是这个产业今后努力的方向。

第二章
中华大蟾蜍养殖模式

　　中华大蟾蜍养殖首先面临的问题是养殖模式问题,也就是采用什么方式去养。我们认为,中华大蟾蜍的养殖方式应因地制宜,根据各地区的具体地理环境去实施,以便获得较高的土地利用率。近年来,我国为确保耕地红线,进行"禁止非农化、防止非粮化"的严格管控。中华大蟾蜍养殖需了解意向利用的土地属性,不得侵占基本农田。利用一般农田、林地、四荒地(荒山、荒沟、荒丘、荒滩)需要分别得到当地政府、林业局、村集体的许可,采用什么样的养殖模式是与什么性质的养殖场地密切相关的。

　　9年来,上海和黄药业有限公司蟾酥基地团队不仅在中华大蟾蜍规模化养殖技术上进行了攻关,同时在不同地区尝试了多种养殖模式。目前中华大蟾蜍人工养殖技术已经取得了突破性的进展,积累了丰富的养殖经验。养殖模式方面,通过总结可概括为一体化养殖模式、功能模块化养殖模式、野生抚育养殖模式、生态箱养殖模式等。从养殖成功率来讲,一体化养殖模式下中华大蟾蜍的存活率较高,但场地和设施建设要求较高,投资大,风险大。综合来说,四种养殖模式有各自的优点,也有各自的缺点和局限。养殖户可结合养殖场地的特点或当地土地资源的情况,进行具体分析,选择合适的养殖模式,或将不同养殖模式进行组合。

第一节
一体化养殖模式及特点

中华大蟾蜍一体化养殖模式的建立,一定程度上借鉴了我国蛙类养殖业的发展经验。中华大蟾蜍和蛙类同为两栖动物,部分生活习性相同,因此部分养殖经验可以借鉴。尽管如此,中华大蟾蜍的养殖过程又不能和蛙类的养殖过程完全一致,因为二者又有很多不同点,比如,在行动力方面,中华大蟾蜍的行动更为缓慢,弹跳力较弱,对昆虫食物的捕捉能力较差,尤其是对活动速度快的昆虫,很少能捕捉飞舞中的昆虫;在体重和食物方面,中华大蟾蜍的幼体在上岸后体重小(0.1 g左右),而蛙类幼体在上岸后的体重较大(2 g左右),体态差距大,导致幼蟾和幼蛙的口宽差距大,因此在上岸初期对食物的适口性就存在很大差异。幼蛙上岸后,养殖户可以较快地对它驯食颗粒饲料,也可饲喂较大的昆虫饲料,可选择的昆虫类型较多,选择余地大;而幼蟾上岸后,养殖户很难找到合适的颗粒饲料对它进行饲喂,而且很难对它进行驯化,必须用个体极小的低龄昆虫幼体,导致可选择的饲料范围小。因此,中华大蟾蜍和常见经济蛙类的饲养既存在相同点,又存在不同点,我们可以借鉴蛙类养殖模式,但不能照搬照套。新建一体化养殖场地视频展示请扫描"视频2-1"的二维码。

视频 2-1
新建养殖场
地整体概况

中华大蟾蜍一体化养殖模式是一种人工集约化养殖模式,即中华大蟾蜍整个养殖周期卵带孵化—蝌蚪养殖—幼蟾驯食—成蟾养殖—蟾蜍越冬都在一个场地进行的养殖模式。该模式主要通过调节养殖场地水位的高低来满足蟾蜍在不同生长时期对养殖环境的需求。一个涵盖水体、陆地、绿植、喂食台（及野外诱虫设施）、遮阴设施的养殖池为一个养殖单元，通过多个养殖单元的组合达到规模化养殖。

一、场地选择

影响中华大蟾蜍养殖成功的因素有很多，养殖场地的选择是最重要的关键因素。养殖场地的选择不仅在中华大蟾蜍一体化养殖模式中需要注意，在其他养殖模式中也同样需要注意，力争在场地选址上做到最优化。

选择所产蟾酥含量较高的地区作为开展中华大蟾蜍养殖的场地最为关键。中药材一般都有自己的道地产区，中华大蟾蜍虽然在我国分布较为广泛，但是不同地区的蟾酥产量和质量不一样。良好的种质资源产出良好的产品，如同优质人参产于长白山脉一样。选择在高含量蟾酥产区进行中华大蟾蜍养殖，所得到的蟾酥质量优于在低含量蟾酥产区养殖中华大蟾蜍所得到的蟾酥质量。当然，低含量产区不是不可以作为中华大蟾蜍养殖基地，因为符合《中国药典》要求的蟾酥可以作为人用药品原料，而不符合《中国药典》要求的蟾酥，只要符合《中国兽药典》要求还可以作为兽药原料，只是价格和养殖效益相对较低。在蟾酥市场上，价格和蟾酥含量息息相关，因此，生产高含量蟾酥的养殖场地的盈利能力相对较高。我国蟾酥药材含量和地理位置的关系将在本书"第三章　中华大蟾蜍养殖技术及蟾酥质量控制研究"下"第四节　蟾酥全产业链质量控制研究"中进行详细介绍。

养殖场地的选择也要根据中华大蟾蜍的自然生活习性，并结合整体的气候条件、交通条件、经济条件和养殖目的而定。一般来说，中华大蟾蜍资源较多的地区适宜开展中华大蟾蜍养殖，因为这个地区的气候、土地、水质、食物等条件适宜中华大蟾蜍的生存。但在中华大蟾蜍养殖场地建设的具体选址上还要斟酌,最好观察当地野生资源的生存环境,根据观察的具体情况选择养殖基地地址,做到心里有底。本节介绍适合中华大蟾蜍一般生存需求的参数,从事养殖的同行可根据考察场地的环境,判断是否符合养殖条件。

(一) 整体环境

1. 温度

中华大蟾蜍为变温动物,环境温度的变化会影响到中华大蟾蜍的活动和采食量,温度适宜,中华大蟾蜍的活动增加,采食次数及采食量也就相应增多。当气温达 12℃ 以上时,中华大蟾蜍的活动量开始增加;当气温在 20℃ 以上时,中华大蟾蜍的活动和采食量增多,蟾蜍生长较快,利于蟾酥鲜浆的积累。但温度不可过高,否则会使其皮肤散失过多的水分,影响呼吸。蟾蜍生长的适宜温度为 20～32℃,最适宜温度为 25～30℃,致死高温为 39～40℃。温度逐渐降低,中华大蟾蜍的活动也减少,10℃ 以下时,中华大蟾蜍就会迁徙准备越冬。因此,场地选择时应在保证所产蟾酥质量合格的前提下选择春夏秋季节较长、冬季较短的地方,宜选择全年气温 10℃ 以上时间较长的地方,但也不能选择持续高温天气(35℃ 以上)较多的地方,因为持续的高温曝晒会引起蟾蜍的死亡,以及养殖场地生态环境的急剧恶化。

由于中华大蟾蜍分布范围较广,在中国北纬 25° 以上除西藏自治区、新疆维吾尔自治区之外的所有省、直辖市、自治区均有分布,因此各地中华大蟾蜍的养殖时间跨度不同:有的地区 1 月份开始准备中华大蟾蜍产卵工作,有的地区 4 月份才开始准备产卵,有的地区 9 月底就开始进入中华大蟾蜍冬眠准备期,有的地区 11 月初才进入冬眠准备期。养殖时间跨度的不同会造成养殖成本的投入差异,养殖时间跨度长的地区,饲料、人工等投入较大,而养殖时间跨度小的地区,投入相对较少。我们把一年作为一个生长周期,一个生长周期减去蟾蜍冬眠期的其他养殖时间称为有效养殖时间,也就是蟾蜍的生长期。有效养殖时间短的地区中华大蟾蜍的生长期短,在一个生长周期内不能达到个体的成熟,当年出栏采浆的可能性较小,不能在当年产生经济效益,而有效养殖时间长的地区中华大蟾蜍生长期长,可以在当年出栏并采浆、加工成蟾酥,当年产生经济效益。根据"第三章 中华大蟾蜍养殖技术及蟾酥质量控制研究"下"第四节 蟾酥全产业链质量控制研究"中的结果,宜选择"秦岭—淮阳丘陵—黄山、天目山"南北分界线以北地区进行养殖,所产蟾酥含量较高,同时需考虑因温度导致的有效养殖时间或蟾蜍生长期差异。还需综合考虑养殖投入、蟾酥产量、蟾酥质量和相应价格,这些都是影响养殖经济效益的因素。

2. 湿度

中华大蟾蜍喜潮湿,尤其是刚上岸后的幼蟾阶段,幼蟾皮肤角质化程度低,防止水分蒸发的能力较差,同时皮肤又兼有呼吸的功能,因而过于干燥的环境可使幼蟾脱水,腺体分泌减少,皮肤干燥,不利于呼吸和机体代谢,从而影响中华大蟾蜍幼蟾的生存。因此选择的环境要有一定的湿度,不能在湿度过低甚至干燥的地方养殖。

虽然中华大蟾蜍喜湿,但其不同生长阶段对湿度的要求也不一样,蝌蚪期完全依靠水来生存,刚上岸需要有较高的湿度,从上岸至生长至 5 g 以前,蟾蜍的适宜湿度为 $90\%\sim100\%$,5 g 以后蟾蜍适宜湿度为 $60\%\sim90\%$,检测养殖栖息地地表环境湿度。生长到 30 g 以上时对湿度的要求则可以进一步降低,但最好不要低于 60%,同时应有水源供水,有阴凉可供蟾蜍躲避的地方。随着现代农业的发展,滴灌、保温、保湿设施得以不断开发,技术水平不断提升,可以实现场地温湿度可控,中华大蟾蜍养殖场所的选择范围也相应大大拓宽。

3. 光照

中华大蟾蜍喜阴暗,一般夜间、阴雨天气活动频繁,而日照强光会使其躲入洞穴、草丛,长时间日照和干旱天气会影响其活动和采食,从而影响其生长发育。因此中华大蟾蜍的场地要有一定的遮阴,通过设置遮蔽物、遮阴网及种植绿色植物进行保障,保证其在高温时期有栖息的地方用于避暑。

目前,光照对于中华大蟾蜍合成毒素的作用尚无研究,但有研究发现光照影响两栖动物生长过程中对钙的吸收,说明光照对于中华大蟾蜍的骨骼生长具有重要的促进作用,从而影响蟾蜍的正常生长,因此养殖场地要保持正常的光照和昼夜节律,让蟾蜍在养殖场地可以自由活动。光照不足会影响中华大蟾蜍的后期生长。

(二)地理位置

中华大蟾蜍的养殖场环境应该选择在靠近水源、向阳、安静及草木丛生、昆虫种类丰富、便于中华大蟾蜍栖息的环境。同时应该远离公路、居民区等较为嘈杂的地方。当然,也不要选择特别偏远的地方,防止野生动物如蛇、黄鼠狼等中华大蟾蜍的天敌等出没。一般可选择郊区靠近水源的地方,例如小河边、水库边、池塘边、湖泊的周围以及山脚下的溪流旁等,这些地方均是建造中华大蟾蜍养殖场的理想环境。当然,养殖场地要远离化工区、建筑企业,避免企业污水、建筑粉尘等进入养殖场地,造成中华大蟾蜍在生长过程中出现非正常死亡。

除上述条件外,应特别注意养殖场地的配套设施需求,由于养殖场地需要用电,因此,中华大蟾蜍养殖场地应该选择电路充足的地方,要有良好的电力供应,从而保障养殖设备如供水、排水、喷灌、灯光诱虫、饲料加工等设施的正常运行。最好是能有单独使用的线路进场,不能和别的用电大户合用一线,防止在养殖过程中因电力系统问题导致饲料、水泵、黑光灯等设备无法使用,从而造成蝌蚪、幼蟾或成蟾的死亡。

中华大蟾蜍养殖场地应该选择劳动力资源充足的地方,一般要求附近有村庄、农户居住,以便养殖运行管理和成蟾取浆期间及容易寻找临时工人,以及方便日常物资采购等。

(三)水源

中华大蟾蜍为两栖动物,在中华大蟾蜍蝌蚪期,需要充足的水源保证蝌蚪的正常生长发育。同时中华大蟾蜍产卵、孵化、越冬也需要充足的水源保证。另外,水质的好坏也关系到中华大蟾蜍每个时期的生长发育。尤其在蝌蚪期,水中溶解氧的高低直接影响蝌蚪的正常发育;水体的 pH 值、亚硝酸盐含量、氨氮含量、营养状态等均会影响蝌蚪的正常生长。水中的盐酸盐、硫酸盐、碳酸盐和硝酸盐等,可通过水的密度和渗透压对中华大蟾蜍产生影响。水的适宜含盐量应在 1‰ 以下,否则会影响蝌蚪及中华大蟾蜍的生存。水中往往生存有大量的浮游生物、微生物和高等的水生植物(水草等),适量的浮游生物可为蝌蚪及中华大蟾蜍提供饲料,适量的水草利于蝌蚪和幼蟾栖息,也利于成蟾产卵和卵的孵化。但要注意,如果水质过肥,而且又在高温季节,水中容易滋生有害病菌,会影响蝌蚪及幼蟾、成蟾的生长和发育。水质调控见本书第四章"养殖注意事项"。

不同水源对养殖蝌蚪的各有一定的优缺点,具体分析如下:

一般情况下,江河、水库、湖泊、池塘等的水资源量较为丰富,浮游生物也较多,但是以上水体易受到其周围环境的影响,水体更容易被污染。因此这些水源在使用之前最好先引入一个蓄水池，进行过滤消杀，不仅可以净化水源，且可以除去水中的杂质、病毒、细菌、寄生虫等。山泉水和井水虽然不易被污染，但是含氧量较低且温度也低，因此在使用前也应先引入蓄水池进行日光曝晒，一来可以增加水体温度，二来可以增加水体中的溶解氧量，以达到养殖所需的要求。人工养殖时，要尽量利用缓流水或使用增氧机，以提高水的溶解氧量。

以地下水类如井水作为养殖基地水源是广大养殖户经常使用的方式之一，其优点是不受场地地理位置的限制，使用方便，缺点是水中含盐量较高，矿物质较多。刚打出的井水溶解氧量少，温度低。在使用时应注意建设一个蓄水池，井水经过至少1天的曝晒，将温度、溶解氧量增至正常水平，再用于蝌蚪养殖。蓄水池的需水量应根据各蝌蚪养殖池的换水量计算。

地表水类如河水、湖水等是养殖场的常规选择。有的养殖场地建设在河流或者溪流的旁边，有较方便的水源来源，其溶解氧和温度一般在正常范围内。但在蝌蚪养殖时尤其要注意水源的安全，蝌蚪养殖时期也正是农田用药和灌溉的时期，河水和溪水容易受到农业灌溉用水和排水的影响。当农药及其他污染物进入水源地后不容易被发现，容易导致蝌蚪大面积死亡，因此也需要建立一个蓄水池作为缓冲系统。

（四）场地土质

养殖场地通常建在保水性良好的黏质土壤上，因为这样的土质不仅可以保水，同时也利于中华大蟾蜍的日常活动。如果养殖场建设在保水性不好的土壤上，养殖过程中需要不断加水保持一定的养殖水位，或者在池子底部铺设塑料膜，在塑料膜上层再垫土来防止漏水。但这样操作会造成养殖成本增加，因此场地建设最好选择在保水性良好的黏土上。在保水土质的基础上,如果水源来源方便,则养殖场地更易符合养殖需求。

当然,养殖场地的土质是否符合养殖要求也和场地所处的地理位置息息相关,有的场地土质虽然不保水,但由于周边有较大河流或湖泊,使养殖场地的水位线较高,这对于养殖过程也是比较有利的。要确保养殖场地的水位线尽量少受周边河流或湖泊的影响,因为如果养殖场地的水位线一年中变化较大,对养殖也是不利的。有的养殖场地土质虽然保水,但远离河流和湖泊,水位线较低,打井水花费也大,从而造成养殖成本居高不下。因此,养殖场地的土质要结合周边的环境进行综合评估。

(五) 饲料供应

饲料供应是否充足是中华大蟾蜍养殖成功与否的关键。在中华大蟾蜍养殖过程中饲料的供应分为三个部分:

(1) 蝌蚪的粉状饲料。目前,尽管没有专供蟾蜍蝌蚪养殖的饲料,但可采用青蛙蝌蚪的粉状饲料进行饲喂,因此,养殖场应能保证饲料购买渠道畅通。

(2) 幼蟾的昆虫饲料。幼蟾上岸后,未经驯化,极少取食颗粒饲料,需供应充足的昆虫幼体饲料。因此,场地周边应能联系到黄粉虫等养殖大户,必要时可采购到适宜的昆虫幼体饲料作为幼蟾的开口饲料,也可建设昆虫养殖房,大量自繁幼蟾的开口昆虫饲料。

(3) 幼蟾和成蟾颗粒饲料。随着幼蟾的饲料驯化和长大,对颗粒饲料的适应度逐渐提高,此时需逐步供应足量的不同粒径或型号的颗粒饲料。

日常养殖过程中,在幼蟾养殖阶段,随着蟾蜍体重的不断增大,可在昆虫饲料中逐步增加颗粒饲料的比例;根据蟾蜍的个体和体重差异，两种饲料比例可灵活调整。另外，为帮助幼蟾健康成长，可根据实际情况，在饲料中添加少量调节胃肠功能、提高免疫力的食品添加剂。在蟾蜍发病期间，饲料中可添加少量针对性的药物。

此外，虽说中华大蟾蜍养殖已形成人工饲料投喂模式，但是在选择养殖场地建设时，场地依然可以选择在夜晚能诱捕大量飞蛾、甲虫等昆虫的地方，以便夜晚通过黑光灯吸引大量的天然昆虫作为饲料补充，丰富食物种类；或者可建立在供应畜禽类的牛场、鸡场、猪场或者畜禽水产类加工厂的附近，以方便获取新鲜的牲畜下脚料来培养蝇蛆等活体饲料，从而来保证中华大蟾蜍饲料的多样性。

（六）交通

中华大蟾蜍的养殖场地宜选择在交通便利的位置，以方便物资的运输，如饲料、各种设备材料（如振动喂食器、养殖场地围栏、撑杆）、养殖人员生活物资等。

所选的养殖场地外最好能有 2 条主要通道，一条通道方便管理场地，方便人员的平时正常出入，方便日常饲料的运输等活动，也可有利于监督其他无关人员出入养殖场；另一条通道是在其中 1 条道路施工或损毁时，作为备用道，防止物资和人员不能正常流动。

所选的养殖场地内最好有 1～2 条主要通道，方便养殖场地内人员的活动和物资的流通，也方便养殖过程的观察。

（七）社会经济状况

中华大蟾蜍的养殖在当地应当受到相关部门如林业局的支持，养殖户也应该保持同林业部门和农业部门的良好沟通，关注政策变化。林业部门主要负责养殖场地的合规性管理，养殖户应根据林业部门的要求提供相应的证明材料，确保养殖的合规性。农业部门则负责用地性质合规性的管理。由于 2021 年 9 月我国实施了新版的土地使用条例,对农业用地的合规性提出了新的要求,有的农田用地性质不能改变,只能种植粮食或者农作物,不能作为养殖用地,所以,养殖户在选择则场地时也应当和土地主管部门进行沟通确认,确保土地使用的合法性。

另外,中华大蟾蜍场地的选择应该满足 GAP(中药材生产质量管理规范)的要求,环境符合 GB/T 18407.4 农产品安全质量无公害水产品产地环境要求中 3.1 和 3.3 中的规定,即养殖地、养殖池不能建立在垃圾场和工业"三废"区域。

水源水质应符合 GB 11607—1989 渔业水质标准的规定。养殖池的水质应符合 NY 5051—2001 无公害食品淡水养殖用水水质的规定。养殖场生产用水符合《渔业水质标准》(GB 11607)的要求。养殖池土质符合《土壤环境质量农用地土壤污染风险管控标准(试行)》(GB 15618—2018)农用地土壤标准要求。

养殖场空气符合《环境空气质量标准》(GB 3095—2012)标准要求。

二、场地建设

养殖场地确定后,养殖场地的合理布局十分关键,它直接影响着中华大蟾蜍养殖的成败。一个合理的布局包括养殖单元的配置,以及单元外部水、电、人流通道、物流通道和防天敌、防异常天气相关设施的配置,一方面满足中华大蟾蜍正常繁衍、生长、活动的基本条件,另一方面满足基地运行和管理的高效。

一个完整的养殖场,公共条件建设包括围栏、大门、员工管理区、仓储区、供排水系统、供电系统、防天敌系统等,主体建设若干个养殖用的一体化养殖池,也可视情况单独配置越冬池。条件允许的话可细化或强化某些养殖区域的功能,如增加活饲料培育间、饲料加工间、蟾酥加工车间、贮备室、药品室、水电控制室、办公室、员工宿舍等。上海和黄药业有限公司中华大蟾蜍一体化养殖场见图 2-1。

▲ 图 2-1　上海和黄药业有限公司中华大蟾蜍一体化养殖场

　　养殖场地围栏的作用为圈出养殖场地范围,既防止外部干扰,也防止内部蟾蜍的逃逸。

　　养殖场地大门的作用为打开和关闭养殖场地,为养殖人员管理场地提供方便。同时,大门亦可作为养殖场地的窗口,告知外来人员该养殖场的养殖物种和功能。

　　一体化养殖池的作用为中华大蟾蜍产卵、卵带孵化、蝌蚪养殖、幼蟾养殖和成蟾养殖的重要场所,是中华大蟾蜍养殖基地建设中的关键与核心。

　　供排水系统的作用是为中华大蟾蜍产卵繁殖、卵带孵化、蝌蚪养殖以及为幼蟾和成蟾提供两栖环境,用于增加水体交换、为养殖提供新鲜水源。排水系统的作用也至关重要。

　　供电系统的作用为支持整个基地用电,其中最为重要的是供水系统中的水泵、养殖中的饲料振动器、黑光灯以及现场的监控设施等。

防天敌设施包括在养殖场地上方和周围铺设防鸟网等。

员工管理区、仓储区、储藏室等作为养殖基地的辅助设施，主要作用为驻场职工的记录、研究工作室和休息室，为饲料和现场养殖工具提供存放空间，为监控设施提供存放地等，为养殖基地的规范化管理打下基础。

下面就养殖基地各重要组成部分进行详细介绍。

（一）一体化养殖池的布局设计及建造

中华大蟾蜍一体化养殖池设计图见图 2-2 和图 2-4，养殖池实景图见图 2-3。中华大蟾蜍一体化养殖池形状为长方形，长 30.0 m，宽 7.0 m。养殖场正中央挖一深水沟，水沟底部宽为 0.8 m，顶部宽为 1.5 m，水沟深为 0.6 m，水沟贯穿整个养殖区。水沟的两端分别设置有进水口和出水口，保证池内为缓流水状态，这样不仅可以改善水质，而且可以增加水中的溶解氧，有利于中华大蟾蜍蝌蚪期蝌蚪的苗壮生长。养殖场中的水沟进水口一端底部地势略高，出水口一端底部地势略低，落差可设置为 0.2 m 左右，从而形成一个缓坡，方便冬季排水清塘。养殖场地内进水口高度应高于整个养殖周期的最高水面，并设置有单独阀门，可根据天气调节水流大小，保证水沟内的水量与水温，使水体环境处于中华大蟾蜍生长的正常需求范围内。出水口装有 L 形的排水装置，L 形出水管在外侧，根据转动出水口竖向的水管来控制水沟内的水位，且可防止倒灌。水沟边上种植水稻、大豆、玉米等绿植，主要用于夏季晴天给中华大蟾蜍提供遮阴场所，还可以用来分解中华大蟾蜍的粪便，净化水质。绿植区上方可选择架设喷淋装置，喷淋装置每隔 1.0 m 架设一个喷淋头，保证喷淋的喷洒均匀。架设喷淋装置的目的在于保证刚上岸幼蟾的环境湿度在其合适生存范围内，不至于使幼蟾脱水造成死亡。同时,在连续晴天的情况下,喷淋装置还可用于润湿地表,保证中华大蟾蜍各个时期的正常活动。在绿植区远离水沟的一侧铺设振动喂食器,用于幼蟾及成蟾饲料投喂。振动喂食器的大小一般长 2.0 m、宽 1.0 m,中间用横梁作支撑。振动喂食器由 12 V 的圆柱形 R260 振动电机、60 目纱网和木质网框组成。振动器通电后带动网面振动,从而带动网面上的饲料振动,吸引中华大蟾蜍进食。振动喂食器的纱网选择 60 目,不仅利于中华大蟾蜍粪便的清理,而且确保饲料不会通过纱网漏在地面上造成浪费。振动喂食器的网框四周应用泥浆封死或将多出的网布埋入土中,防止幼蟾打洞钻入振动喂食器下,造成大量死亡。振动喂食器的上方架设黑光灯,用于夜晚诱捕昆虫饲料,增加中华大蟾蜍饲料的丰富度,从而进一步保证中华大蟾蜍的正常生长。黑光灯一般在晴天夜晚 19:30～21:30 打开,用于诱虫,黑光灯的架设高度距地面 0.4 m 左右。在振动喂食器远离绿色植物的一侧架设防逃网,防止中华大蟾蜍逃跑。防逃网可选择用纱网,当夏季幼蟾聚集在养殖场四周时,方便聚集的中华大蟾蜍透气,利于幼蟾生长。防逃网上方折叠防逃沿,防逃沿与防逃网内侧的角度为 60°左右,防逃沿宽度为 0.1 m,防止幼蟾养殖期间刚上岸的幼蟾顺着纱网逃跑,造成养殖损失。两个一体化养殖池中间的人行过道宽为 0.7～1.0 m,方便日常的饲料运输和场地消毒等常规操作。见图 2-2、图 2-3。

渗水问题解决方案:在整个蝌蚪养殖期(50 天)内,池塘的水位要保持高水位养殖,因此,在保水性不好的土地上建设基地则需要解决渗水问题,提高每个池子的蓄水能力。设施施工中就需要进行设计建造,所有养殖池塘底部需铺设防渗膜,膜上部覆盖 0.3～0.4 m 的土层,防止养殖池渗水,确保蝌蚪期间水体稳定(图 2-4 中间橙色区域为覆土层)及后期养殖的顺利。

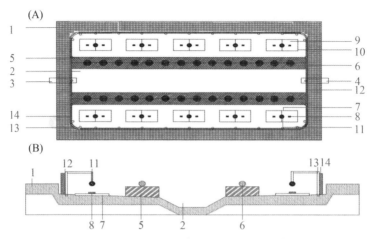

▲ 图 2-2　中华大蟾蜍一体化养殖池图,图(A)为养殖池俯视图,
　　　　(B)为养殖池侧视图

1. 一体化养殖场地;2. 水沟;3. 进水口;4. 出水口;5. 绿植种植区;6. 喷淋;7. 振动
喂食器;8. 振动器;9. 网;10. 网框;11. 黑光灯;12. 防逃网;13. 铁条;14. 网

▲ 图 2-3　中华大蟾蜍一体化养殖池实景图

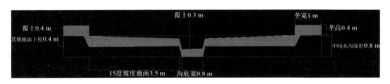

覆土0.3 m

垄宽1 m

覆土0.4 m

其他池面下挖0.4 m

垄高0.4 m

中间水沟深挖0.8 m

15度坡度池面3.5 m

沟底宽0.8 m

▲ 图2-4 中华大蟾蜍一体化养殖池保水设计侧视图

(二)暂存池(栏)的布局及建设

暂存池为养殖场暂时存放蟾蜍的场地。暂存池里面没有水沟,环境相对湿度较低,单池面积也较小,其他设施与一体化养殖池一致。可单独建造,也可利用闲置的一体化养殖池。

暂存栏为中华大蟾蜍回捕清洗后或其他情况下暂时存放中华大蟾蜍的可移动或不可移动的自制栏式结构,通常为不锈钢结构,围栏为不锈钢铁丝网或尼龙网,以利于养殖户对中华大蟾蜍进行取浆前的清洗除杂。

(三)越冬池的布局设计及建造

中华大蟾蜍越冬的方式主要有室外越冬和室内越冬两大类。

室外越冬一般为水下越冬。养殖场需要建造一个水位较深的池子,可以用闲置的一体化养殖池进行改造,即增加水沟的深度,从之前的0.6 m增加到1.5~2.0 m,面积可以和一体池一样,不需要进行改动。也可以单独进行室外越冬池的挖掘,把池子挖成龟背形,平均深度在1.5 m左右,最深处在2.0 m左右,在池子四周用彩钢板建设成0.5 m高的防逃网。各地需根据当地的冬季平均气温来选择合适的室外越冬场所,若冰冻层较浅,则越冬池可较浅,若冰冻层较厚,则要挖深越冬池,总之保持1 m左右的不冻区为佳。

室内越冬可以根据地域不同进行选择,例如,南方可以建造冷库保持 4℃左右,将中华大蟾蜍存放在里面进行越冬;东北地区可以挖地窖,将中华大蟾蜍存放在里面进行越冬。

(四)养殖场地的供排水系统布局设计及建造

供排水系统:场地内地势较高的一角建设地上蓄水池,蓄水能力一般设计为整个养殖场用水高峰期的 30%,蓄水池的底平面要高于整个养殖场地平面 0.8~1.0 m,保障养殖期间蓄水池可以通过重力作用向各养殖池持续供应缓流水。养殖场的水源以养殖场选址时的水源为主。例如以井水作为水源时,日常可用潜水泵向蓄水池抽水蓄水,经日晒升温、曝气后,让水源通过主干道下铺设的主进水管和地上分水管进入各养殖池。各养殖池分水管中的进水管位于地面下方 0.1~0.2 m 为宜,要高于养殖池养殖蓄水最高水位线,以方便管理;出水管埋设在养殖池另一侧,深度接近池底,便于全部池水排尽,出水管在出水口外侧靠排水沟端用弯管连接水位控制管,便于控制养殖池内水位。

在整个养殖场地的排水口一侧挖设排水沟,排水渠宽 1~1.5 m,深 1.2~1.5 m,各养殖池出水口排水直接排入水沟,排水沟连通基地尾水池。如遇特殊天气,如受强台风影响而降雨量极大时,需及时关注基地内的积水情况,必要时用水泵紧急向基地外排水。

(五)养殖场地的电力系统布局设计及建造

电力供应系统:与当地供电局联系,单独架设总线进入基地,确保能单独用电,以保证基地用电的稳定供应。总线进入大田后需架设配电箱,配电箱总开关下设足够的分线路,分别用于员工日常管理区、监控系统、养殖区域的诱虫灯、振动喂食器、供水用潜水泵、喷淋系统等一系列用电。其中养殖区域的线路在总电箱出来后单独一路,通往养殖区中的支路配电箱中,内设喂食器专用线路、诱虫灯专用线路、供水专用线路、喷淋专用线路。

1. 振动喂食器支路

目前中华大蟾蜍多选择 12 V 的振动喂食器,所以其所用电压为 12 V 电压,振动喂食器需要购买专用变压器(一般每 120 个振动喂食器设置一个变压器)。其中,为保证幼蟾到成蟾饲养期间振动器电路的稳定,应使喂食器的每个二级支路的定时开关及变压器控制 3 个一体池振动喂食器的用电,即包含 6 个支线路。

2. 诱虫灯支路

虽然现在已经实现人工颗粒饲料饲喂中华大蟾蜍,但是人工饲料较为单一,长期饲喂容易造成中华大蟾蜍出现疾病,因此为丰富中华大蟾蜍的食物来源,在每个养殖池都需架设诱虫灯,诱虫灯设计为每 10 m 安装一盏诱虫灯,每个池子单独设一根支线路。每 4 个池子共用一个自动定时器来控制诱虫灯的开关。

3. 潜水泵支路

无论是江湖水,还是山泉、井水,在使用前都需要先统一抽进蓄水池中,因此需要购置潜水泵,架设潜水泵线路,保证潜水泵的正常运行。潜水泵一般为单线。

4. 喷淋支路

每个养殖池的绿植区上方架设喷淋装置,喷淋装置每隔 0.5～2.0 m 架设一个喷淋头,保证喷淋的喷洒均匀。架设喷淋装置,目的在于保证刚上岸幼蟾的环境湿度在其正常生存范围内,同时在连续晴天的情况下,用于润湿地表,保证中华大蟾蜍各个时期的正常活动。

(六) 养殖场地的围挡建设

周围建一圈围挡,高度 0.5～0.7 m,用防逃网或者彩钢板来做,防逃网成本低但不耐用,彩钢板耐用但成本高,各有优缺点。围挡可内防中华大蟾蜍逃跑,外防动物天敌入侵和大型动物破坏,将整个场地全部圈起来,只留进出大门。围挡的制作材料因价格有高有低,质量有好有差,使用寿命有长有短,各养殖场地可根据自己的实际情况进行选用。

在做围挡时一定要和周边地块确定好四至范围,划定场地范围,东西南北四个点都确定好后才能进行建设,否则,如果因土地范围问题而产生的纠纷常会导致重复建设,造成浪费。

(七)防鸟网布局设计及建造

由于中华大蟾蜍在幼蟾期比较弱小,容易受到鸟类等天敌的袭击,因此,在平原地区通常架设防鸟网,防鸟网的网眼通常较大,主要是拦住鹭等沼泽区的鸟类,该类鸟可大量伤害幼蟾,尤其需要注意。另外也防止麻雀抢食喂食台上的饲料。

可以铺设单池防鸟网,单池网抗风力强,但人员操作受限;也可整体架设防鸟网,以便人员在里面操作方便。

防鸟网架设过程中,需在养殖基地内用竹竿、木杆或铁杆进行支撑,尽量一次撑牢,防止因风雨等导致塌陷,对养殖造成不利影响。

(八)门牌布局设计及建造

养殖场应设置大门,布置开设的养殖场地铭牌,标明养殖场地位置和养殖物种名称,可设置二维码。参观人员或客户通过扫码获取基地信息和中华大蟾蜍和蟾酥药材溯源信息。养殖场围墙或养殖场内主要建筑物外墙上可布置养殖场地平面图、养殖物种介绍以及养殖场经营理念、主要规章制度等,告知参观者入内参观需遵守的规则如消毒、防疫要求,不许喧哗等。

（九）辅助区建设

1. 员工室内作息区

在中华大蟾蜍养殖的关键时期,如蝌蚪变态上岸期间、极端天气期间,需要有员工驻场观察,以及时发现和处理问题,从而尽可能避免损失,因此需设立临时的员工室内作息区,配备办公桌椅及住宿等办公生活用品。

在中华大蟾蜍养殖期间,有大量的数据需要记录,比如,投入基地种蟾数量或重量、产下的卵带数量、日期和温度、蝌蚪不同生长期的体重、幼蟾不同生长期的体重、到出栏前期基地拥有的蟾蜍数量、各养殖期饲料投喂量、投喂饲料种类等,还有养殖过程中遇到的问题,临时的处置方式和后续管理措施,因此,基地应有办公设施,详细记录相关数据,及时开会讨论总结经验、布置工作,只有养成良好时的记录和经验总结的习惯,才能将中华大蟾蜍的养殖技术水平不断提升。

2. 仓储间

仓储间一般用于存放中华大蟾蜍饲料、药品以及基地日常的消耗品,例如诱虫灯、振动器、变压器等。仓储间简单地配备储物架、办公桌椅即可,应尽量保持干净整洁,把同一用途的物品放在同一区域,以方便取拿。

3. 饲料加工间

饲料加工间主要存放加工饲料的拌料机、制料机、调味机、烘干机等设备以及员工操作需要的个人防护物品、消防器材等。

4. 杂物间

杂物间主要放置喂饲料用的器具、消毒用的器具、雨具、清塘用的工具等一些常规操作用的器具。

5. 生物观察及水质分析室

主要放置显微镜,用于观察中华大蟾蜍疾病,以及水中的微生物等,还需放置电子天平、普通电子秤等用具,用于日常的取样称量。

6. 门口消毒设施及外来人员接待室

日常养殖过程中可能有领导、专家、同行来场地进行指导、交流和学习,不同人员来养殖场会带来不同的外来细菌或病毒,应在养殖场地入口处设立消毒设施,让所有来场人员在消毒处进行手部和脚部的消毒,必要时佩戴口罩。同时,在入口处应设置外来人员接待室,作为到基地的缓冲,外来人员接待室也需到做人员到场前和到场后消毒,为养殖场地提供良好的防疫条件。

7. 取浆区

取浆区用于每年养殖结束后中华大蟾蜍出栏的取浆初加工,取浆区一般配备中华大蟾蜍清洗池、中华大蟾蜍暂存栏、取浆夹、刮浆勺、蟾酥鲜浆存贮盒、大量程体重秤、小量程物料秤、蟾酥鲜浆暂存冰柜($-20℃$)、护目镜等取浆、存贮所需物品。

由于蟾酥价格昂贵,且为毒性药材,因此存储蟾酥鲜浆的冰柜或房间需双人双锁,所在房间架设监控设施,确保蟾酥鲜浆的安全。

三、一体化养殖过程介绍

不同地区因气候不同,养殖期有所区别,以下以山东养殖为例介绍。

在每年 2~3 月的蟾蜍产卵期,向一体池水沟内放水,水深维持在 0.4 m,水面宽 5.0 m,两边陆地宽 1.0 m,保证蟾蜍正常产卵,水沟内水为缓流水,增加水中的溶解氧,保证水质。

在每年 3~4 月,蝌蚪破膜孵化 7 天后,能够自主游动,此时可用蛋黄混水制成如豆浆样的营养液,均匀地泼洒于水中,供孵化的蝌蚪进食,每天两次,时间为早上 9:00 与下午 16:00,每次投喂量为蝌蚪体重的 2%～3%,投喂时间为 3 天。

孵化为蝌蚪后 10～25 天,将粉状饲料用水拌湿,湿度以握之成团、投至水中不散开为度,投喂蝌蚪的时间依旧为早上 9:00 与下午 16:00,投喂量为蝌蚪体重的 3% 左右。

在蟾蜍的养殖初期,在水边种植水生绿植,保证蝌蚪变态后幼蟾有合适的栖息环境;在蟾蜍卵破膜 25 天以后至蝌蚪变态完成前,投喂蝌蚪适口的膨化颗粒饲料,吸引蝌蚪摄食,这样也有利于后期幼蟾的饲料驯化。

在 5 月初前后,即蝌蚪变态时期,将水位升高,使水深 0.6 m,水面宽度为 6.0 m,池子两边陆地宽度留出 0.5 m。变态后的幼蟾在 0.5 m 宽的陆地区域活动,然后在此区域内投喂活昆虫饲料作为开口饲料,引导上岸幼蟾进食,及时补充食物,保证幼蟾饲料充足。一体化养殖池蝌蚪养殖视频扫描"视频 2-2"二维码。

视频 2-2

视频 2-2
一体池蝌
蚪养殖

活体饲料的长度在 3～10 mm,直径在 0.5～1.5 mm,方便上岸幼蟾的进食。

活体饲料投喂 7 天后,幼蟾已养成进食习惯,降低水位至 0.4 m,将水沟两侧的陆地宽度留至 2.0 m 宽,然后距离防逃网 0.5 m 宽的地方提前架设振动喂食器,在振动喂食器上撒活体饲料及直径 1 mm 的颗粒饲料,开始对幼蟾进行颗粒饲料进食驯化。一体化养殖池幼蟾养殖视频扫描"视频 2-3"二维码。

视频 2-3

视频 2-3
一体池幼
蟾饲喂

活体饲料和颗粒饲料两者开始比例为 4:1,逐渐降低活体饲料的比例,直至全部饲喂颗粒饲料,整个过程持续 15～20 天。

投喂颗粒饲料开始至当年养殖结束,振动喂食器的振动时间设置一般为 5:00～7:00 和 18:00～22:00,保证蟾蜍的定时、定点摄食,阴雨天气适时投喂。

振动喂食器的振动时间由定时开关控制,同时下面所述的黑光灯的开灯诱虫时间也由定时开关控制。

颗粒饲料的粒径随着蟾蜍的生长而逐渐增大,最终饲料粒径为 4 mm。一体化养殖池成蟾饲喂视频扫描"视频 2-4"二维码。

视频 2-4
一体池成
蟾饲喂

同时,从 6 月开始至 9 月初,在每个无风的晴天夜晚 7:00~11:00 开启黑光灯,吸引野外昆虫为蟾蜍提供天然食物,丰富蟾蜍饲料品种。

每年 9 月,就可将养殖蟾蜍进行分级筛选后取浆或者出售活体。

四、特点分析

一体化养殖有以下优点:

(1) 适合中华大蟾蜍的大规模养殖推广中华大蟾蜍一体化养殖模式,集约化程度高,蟾蜍养殖产量大,养殖效益良好,在大规模养殖推广方面具有独到的优势,在全国各地区开展养殖均比较适用,容易被养殖户接受,应成为养殖户的首选养殖模式。

(2) 符合中华大蟾蜍的生物习性一体池可以通过控制一体池内的水位,来满足蝌蚪期、幼蟾期、成蟾期以及越冬期中华大蟾蜍对环境的需求,场地利用率高,符合《LY/T 1565—2015 陆生野生动物饲养场通用技术条件(两栖、爬行类)》要求。

(3) 可操作性强,降低人工养殖成本在卵带孵化为蝌蚪后,蝌蚪不需要进行人为转移场地,同时蝌蚪变态上岸也不需要转换场地,因此大大降低了养殖过程中的人为操作,降低了人工成本。

(4) 方便后期中华大蟾蜍的集中捕捉中华大蟾蜍从蝌蚪开始就在一体池中集中饲喂,在每年 9 月份蟾蜍长至 50 g 以上,蟾蜍可以集中捕捉，不需要耗费人力去搜集抓捕。

（5）长期养殖经济效益高初期场地建设费用较高，但是场地一经建设完成，可以连续使用多年，每年只需较低的维护成本，因此长期养殖可降低养殖成本，提高养殖效益。

（6）有利于幼蟾的驯化喂食蟾蜍在整个生长过程中，尤其是在蝌蚪变态为幼蟾阶段，为自然过渡，减少了蟾蜍适应新环境的过程，为蟾蜍驯食争取了时间，大大提高了幼蟾的成活率。

一体化养殖模式虽然有许多优点，但也在一定程度上提高了养殖门槛：一是对场地要求高。养殖场地需要一定面积宽阔的平坦土地资源，非平原地区不一定能找到合适的场地。二是对管理要求高，需要对所有养殖单元进行集约化管理。三是对养殖技术要求非常。一分技术一分产出，技术好的养殖户亩产很高，技术不足的养殖户亩产较低。四是养殖场地建设初始投入高。长期养殖对养殖场地建设的材料质量要求也较高。这些要求对立志于长期从事蟾蜍养殖产业的养殖户来说，既是挑战，也是机遇。

第二节

生态箱养殖模式及特点

坚决守住 18 亿亩耕地红线，把中国人的饭碗牢牢端在自己手中，保障我国粮食安全，是我国的基本国策。基于这一点，国家对土地的管控越来越严格。2020 年 1 月 1 日新修订的《中华人民共和国土地法》实施，之后国务院办公厅发文要求坚决制止耕地"非农化"，防止耕地"非粮化"。2021 年 9 月 1 日，《土地法实施条例》实施，落实"非农化""非粮化"的可操作性，进一步明确制度边界，明确法律责任。2022 年"中央一号文件"《关于做好 2022 年全面推进乡村振兴重点工作的意见》发布,提出分类明确耕地用途,严格落实耕地利用优先序,耕地主要用于粮食和棉、油、糖、蔬菜等农产品及饲草饲料生产,永久基本农田重点用于粮食生产,高标准农田原则上全部用于粮食生产。引导新发展林果业上山上坡,鼓励利用"四荒"资源,不与粮争地。在这个大背景下,对于有些省份和地区而言,养殖用地在相当长时间内将受到政策的严格管控,想利用大面积的耕地进行中华大蟾蜍养殖有一定困难。目前,同样是利用耕地养殖的牛蛙行业在南方的某些地区正在清退,某些地区的小龙虾养殖场也在关闭中。中华大蟾蜍养殖用地将部分转向"四荒地"(荒山、荒沟、荒丘、荒滩)以及林地。

由于中华大蟾蜍为水陆两栖动物,在蝌蚪期可以利用自然水塘繁育和养殖,而在蝌蚪变态成幼蟾后,在体重小于 5 g 时,我们创造性地设计了生态箱养殖。所谓生态箱,就是一个模拟水陆两栖环境并可进行喂食的一个小微养殖单元,是在幼蟾养殖这一蟾蜍养殖的关键环节通过人工干预提高幼蟾成活率的一种养殖手段。生态箱养殖可在现有的闲置房屋或厂房进行,蟾蜍在生态箱养至 5 g 后,转移到至"四荒地"和林地上进行成蟾的养殖。生态箱养殖在室内可进行立体化养殖,以提高空间的利用效率,提高单位面积的产量。

一、生态箱养殖模式的组成和养殖要点

生态箱养殖模式主要包括种蟾产卵孵化和蝌蚪养殖池、生态箱、成蟾养殖池、越冬池。

(一)种蟾产卵孵化和蝌蚪养殖池的养殖要点

种蟾产卵孵化和蝌蚪养殖池可采用天然池塘,或对天然池塘稍作改造。天然池塘首选具有流水的池塘,即水体交换较快,有利

于保持良好水质。天然池塘在养殖前需进行消杀或清塘工作,防止天然池塘中的水虿等蝌蚪天敌对蝌蚪产生影响。产卵孵化时,可在池塘中放置树枝等材料,以便于种蟾的产卵,树枝一半放在浅水,一半深入深水区。中华大蟾蜍产卵的水塘过深和过浅都会对卵带的孵化不利。用于产卵孵化和蝌蚪养殖的池塘最好有较大面积的浅水区,也应有深水区,这样才有利于蝌蚪的快速发育,也有利于蝌蚪应对极端天气。蝌蚪平时在浅水区活动,温度太高或太低时可以逃避到深水区。池塘还应有缓坡,以利于变态后的幼蟾上岸。

由于天然池塘的水体通常交换较慢,因此在蝌蚪饲喂期间,养殖人员一定要保障蝌蚪池塘饲料投喂适量,不能投喂过多,巡视池塘时要仔细观察饲料的剩余情况,防止水体富营养化。此外,由于池塘处于野外环境,阴雨天气时,养殖人员要多加小心,若观察到池塘蝌蚪浮头于水面,须判断是否由于缺氧导致,若是缺氧,则应保持水体流动增加氧气的溶解。若遇暴雨天气,养殖人员应到池塘查看是否有异常情况,防止雨水冲刷的泥土和杂质干扰池塘的生态环境,必要时对蝌蚪池在上方进行遮挡,防止暴雨或冰雹砸伤蝌蚪。

(二)生态箱养殖的要点

1. 生态箱的制作

一般情况下,生态箱的箱体材质最好选择塑料制品,以牛筋塑料为佳。塑料材质制成的生态箱不仅可以防水漏,还因四壁光滑可防止幼蟾攀爬。生态箱体的尺寸为长 110 cm,宽 80 cm,高 30 cm,箱体内水域与陆域的面积之比可设为 1∶4。陆域的基质厚度为 12 cm,可保证绿植稳定地栽培在养殖箱内,不易倒伏。水域的水深为 5 cm,利于幼蟾在水中游动。在陆域与水域的交接处设有斜坡,斜坡沿陆域朝向水域方向向下倾斜,倾斜角度为 20°~

30°,方便幼蟾从水中顺利上岸。

幼蟾室内生态养殖箱中,4 个角落可种植空心莲子草,这样不仅可分解幼蟾产生的粪便等代谢物以净化水质,也可为幼蟾在生态箱中攀爬提供支撑物,为幼蟾提供立体活动场所。

幼蟾室内生态养殖箱中喂食区的面积为 0.5 m² 左右,喂食区内放置振动喂食器,喂食器规格为 0.5 m×0.5 m 的方形,包括有木网框、纱网、联动条、振动器。其中,振动器用胶水固定于长条形联动条正中央,振子振动使铁条产生共振,带动网面饲料振动。

振动器为常规使用的微型振动器,直径 1.20 cm,厚度 0.34 cm,呈圆形纽扣状。该小型振动器振幅适中,不会对幼蟾造成惊吓。

振动器与定时器连接,工作时间设置为 6:00~24:00,振动间隔时间为每隔 1 小时振动一次。可保证不同批次的幼蟾在白天夜晚都能进行摄食,保证体质弱的幼蟾也能及时进食。

振动喂食器外沿至相近的箱体内壁之间垂直距离相等。可保证幼蟾无论在养殖箱内陆域的任何位置,到达振动喂食器的距离都是一样的,从而保证不同位置幼蟾的进食机会相同。

幼蟾室内生态养殖箱中,可设置遮蔽物,高度为离地垂直距离为 0.9~1.5 cm,保证幼蟾在进食后有一个合适的休息区,供幼蟾栖息,减少人为打扰。

幼蟾室内生态养殖箱中,如图 2-5(A)所示,水循环器包括有循环单元及水管,循环单元设于水域内,水管一端与循环单元相连通,水管另一端设于陆域内且外接有水泵,水循环器能够确保一天 24 小时工作,保持生态养殖箱内的水体流动,使生态养殖箱中的水体为活水。能够通过循环水泵由水管将水排到另外的陆地一侧,不仅可保证水体的流动,也可保证陆地泥土的湿润。

幼蟾室内生态养殖箱如图 2-5(B)所示,箱体顶部开口且开口内缘设有防逃沿,防止蟾蜍沿绿植逃至养殖箱外。防逃沿是指在顶部四周向内延伸悬空下垂的塑料薄膜,向箱体内延伸的宽度为 5 cm。箱体内的湿度随着幼蟾生长而变化,从 100% 逐渐降低至 60%,不仅保证了幼蟾生存环境的稳定,使幼蟾不被干死,同时也保证了投喂饲料的新鲜,使其不至于在高湿情况下发霉变质。生态养殖箱内的温度为 20～30℃,可保证幼蟾正常生长。箱体内还设有光源,用于阴雨天气等光线较差时补充光照,光源为 LED 灯。

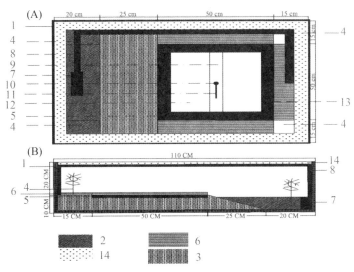

▲ 图 2-5　生态箱俯视图(A)和侧视图(B)

1.养殖箱,2.水,3.陆地,4.绿植区,5.振动喂食器,6.遮蔽物,7.小型水循环设备,8.水管,9.贴条,10.微型振动器,11.线路,12.振动网,13.网框,14.防逃沿

生态箱整体设置及幼蟾养殖视频扫描"视频 2-5"二维码。

2. 生态箱养殖过程

养殖者使用生态养殖箱时,将幼蟾由箱体顶部放入,通过启动水循环器保持生态养殖箱内的水体流动,

视频 2-5
生态箱幼
蟾养殖

使生态养殖箱中的水体为活水,保证陆地泥土的湿润。同时,启动振动器,在定时器设定工作时间为 6:00～24:00,振动间隔时间为 1 小时,带动联动条和网面振动,吸引幼蟾至喂食台食用饲料。幼蟾食用饲料后可在遮蔽物下栖息。幼蟾在箱体内通过斜坡往来于水域和陆地。通过绿植区内种植的绿色植物,分解幼蟾产生的粪便等代谢物,同时净化水质,也为幼蟾在生态箱中攀爬提供支撑物,为幼蟾提供活动场所。生态养殖箱的防逃沿可防止蟾蜍沿绿植逃至养殖箱外。在自然光无法光照的阴雨天气下,采用光源如 LED 灯补充光照。

生态箱养殖的具体操作如下:

每年 4 月左右,在蝌蚪变态为幼蟾前,将生态养殖箱制作完毕,并向箱体内加水,同时开动循环水泵,调试生态箱的工作状态,保证幼蟾转移进生态箱时一切设备均可正常运行。

每年 5～6 月,在蝌蚪变态成为幼蟾的 1 周内,将变态后的幼蟾转移至生态养殖箱中,幼蟾初始养殖密度可为 200 只/m²。

变态后的幼蟾在箱体内的陆地区域活动,在此区域内的振动喂食器上定点投喂活昆虫作为开口饲料,驯化幼蟾进食,并及时补充饲料,保证幼蟾饲料充足。

活体饲料的长度在 3～10 mm,直径在 0.5～1.5 mm,方便上岸初期的幼蟾进食。

活体饲料投喂 7 天后,在振动喂食器上投喂活体饲料及直径 1.0 mm 的颗粒饲料,对幼蟾进行颗粒饲料进食驯化。

活体饲料和颗粒饲料两者开始的比例为 4:1,逐渐降低活体饲料的占比,直至全部投喂颗粒饲料,整个过程持续 15～20 天。

开始投喂颗粒饲料,直至幼蟾体重增长至 5.0 g,振动喂食器的振动时间设置为早上 5:00～7:00,晚上 6:00～10:00,保证幼蟾定时、定点摄食,循环水泵为 24 小时常开状态。

振动喂食器的振动时间由定时开关控制,同时循环水泵的开关时间也由定时开关控制。

颗粒饲料的粒径随着蟾蜍的生长逐渐增大,最终的饲料粒径为 2.0 mm。

5~7 月,在每个自然光照不足的白天,开启 LED 灯,为蟾蜍补充光照。

待幼蟾重量达到 5.0 g 左右,将幼蟾进行出售或者转移至成蟾养殖池进行养殖。

(三)成蟾养殖池养殖要点

从生态箱养殖转移出来的重量达 5.0 g 以上的小蟾蜍,既可以在一体化养殖池中进行养殖,也可转移至在"四荒地"或林地单独建设的成蟾养殖池进行养殖。成蟾养殖池可根据养殖场地的形状进行围栏建设,并在围栏下方增加防逃网,既可以防止天敌进入吃蟾蜍,也可以防止蟾蜍逃跑。天然的成蟾养殖场所,最好潮湿阴凉,避免阳光曝晒,有可供蟾蜍活动的小水池,保持良好的两栖环境,同时注意杂草的清理,留出一部分空地便于放置振动饲料喂食机,以及架设黑光灯用于诱虫。

经过生态箱的养殖过程,进入成蟾养殖池的蟾蜍具备了较好的摄食能力,在成蟾池中的振动饲料喂食机可放置颗粒饲料进行饲喂,黑光灯诱虫则有利于丰富幼蟾的食物。在养殖过程中需特别注意避免出现大蟾蜍吃小蟾蜍的现象,应及时对体格差异较大的蟾蜍进行分栏。在成蟾池中饲养的蟾蜍要一直持续养殖到越冬前期。

(四)越冬池的建设和注意事项

进入水下越冬状态后,中华大蟾蜍主要依靠皮肤呼吸。越冬池的选择应注意当地的冬季气温和冰层的最大厚度,要求越冬池冰层下有 1 m 左右的水深,保证蟾蜍的呼吸和温度。应对越冬池中蟾蜍的数量进行控制,使 100 m² 的池塘中越冬的蟾蜍不超过 1 万只,即每平方米不能超过 100 只。

二、生态箱养殖特点分析

生态箱养殖模式有以下优点:

(1)便于中华大蟾蜍幼蟾养殖阶段的精细化管理,提高幼蟾成活率。生态箱养殖模式为阶段性养殖的小面积养殖单元,相较于其他养殖单元少则几十平方米甚至半亩地的养殖面积,小单元养殖面积更利于精细化管理、提高幼蟾成活率。养殖过程中饲料的投喂更为精细,单只幼蟾取食更充足,为幼蟾存活率的提升提供了保障。

(2)养殖环境的温度、光照、湿度更加可控。处于室内养殖大环境下,无论是幼蟾的光照、生长温度,还是环境湿度,都可以通过人为设备进行快速调节,不受外界天气的影响。

(3)不占用耕地,在空置房屋内即可进行养殖,适合农户小规模养殖。生态箱养殖单元小,农户成功养殖 1~2 万只蟾蜍是可以实现的,但由于价格高,收入也是可观的。

(4)利于疾病的防控,不会出现大面积的疾病传染。

(5)受地理环境影响小,地区可选择范围广。

(6)生态箱养殖人为可控性强,适合科研单位实验性研究,便于获取实验数据。

生态箱养殖模式的缺点为:蝌蚪养殖、幼蟾养殖和成蟾养殖需分开饲养,场地分散,管理上比较麻烦;幼蟾养殖期所用箱体较多,为精细化管理,在规模化上的应用受限,需要更多的工时去管理。

第三节

功能模块化养殖模式及特点

针对无法获取大面积宽阔场地的养殖户来说,譬如在山区或丘陵地区,通常只能在某一位置找到适合中华大蟾蜍某一生长阶段的养殖场地,在另一位置找到适合中华大蟾蜍另一生长阶段的养殖场地,也就是无法在同一块场地上实现中华大蟾蜍生长全过程养殖,可以尝试选择功能模块化养殖模式。

功能模块化养殖模式是将中华大蟾蜍的不同生长阶段划分为不同的养殖场地进行,一个场地完成一项或两项中华大蟾蜍不同生长阶段养殖的功能。譬如种蟾产卵孵化期和蝌蚪生长期在一个场地,幼蟾饲养一个场地,成蟾饲养在一个场地,越冬池则在另外一个场地。该养殖模式为农户提供了更为灵活的养殖方式。中华大蟾蜍养殖基地功能模块化养殖可以将中华大蟾蜍养殖分为产卵孵化功能区、蝌蚪养殖功能区、幼蟾养殖功能区、成蟾养殖功能区以及越冬功能区等5个功能区。

一、基地选址综合要素

中华大蟾蜍功能模块化养殖模式的各个功能区管理通过圈养的方式实现,总的原则是"就地取材、因地制宜"。尽管功能模块化养殖的各个功能区是独立分开的,但相互之间的距离不宜太远,按照生长过程,两个相邻阶段的功能区如蝌蚪养殖功能区与幼蟾养殖功能区、幼蟾养殖功能区与成蟾养殖功能区,间隔距离越近越好,距离较远则不利于转运工作,也不利于日常的看护管理。

养殖基地选址要满足中华大蟾蜍需要的水陆两栖环境条件。

在林区的中华大蟾蜍养殖场必须选择在气候湿润、天然生态的环境,所包含的养殖地块要有水塘以及草地、灌丛和树林等多层次遮阴的环境。此外,应对准备建设的基地周边进行勘察,了解基地周边中华大蟾蜍野生资源的分布情况,要选择有蟾蜍资源分布的地区,说明该地块的环境符合中华大蟾蜍生长习性。切记不能在不适宜中华大蟾蜍生存的区域选址建设基地。

如在林下养殖,对于中华大蟾蜍产卵孵化而言,场地内要有水塘或缓缓流过的溪水,便于利用或建造中华大蟾蜍产卵池以及蝌蚪孵化池;对于幼蟾养殖而言,需要选择在地势平坦的地方,场内要有树林灌丛和草地,土壤肥沃,腐殖质层厚,有较好的地被物,背风向阳,交通相对方便,附近无高大建筑物和公路铁路;对于成蟾养殖而言,养殖条件相对简单,只要确保土壤潮湿,且保水能力较强,养殖场地有部分遮蔽,如为高大乔木林,郁闭度应在 0.5～0.8。如果场内原有水池、塘坝、房屋等现成的条件就更为理想。若养殖基地附近有畜禽养殖场或昆虫饲料养殖场,则可为后期养殖提供丰富的昆虫饲料,这对中华大蟾蜍养殖是一个非常有利的条件。典型的选址条件如图 2-6 所示。

▲ 图 2-6 利用现有条件选址的养殖场地(蟾蜍产卵、蝌蚪养殖池)

此外,应注意所选养殖场的环境条件,如养殖用水应符合《渔业水质标准》(GB 11607)标准要求;养殖土壤符合《土壤环境质量农用地土壤污染风险管控标准(试行)》(GB 15618—2018)农用地土壤标准要求;空气应符合《环境空气质量标准》(GB 3095—2012)标准要求;所选择基地周边中华大蟾蜍所产蟾酥质量要符合 2020年版《中国药典》"蟾酥"项要求,蟾毒灵、华蟾酥毒基、脂蟾毒配基3 个指标成分的总含量不少于 7.0%。

二、场地建设和养殖要点

一个完整的中华大蟾蜍功能模块化养殖基地应包括以下 5 个核心功能区:产卵孵化区、蝌蚪养殖区、幼蟾养殖区、成蟾养殖区、越冬区。其他辅助区域如蟾酥鲜浆采集区、蟾酥加工区和存储区等皆可以建设在核心功能区之外,具体可参考本章第一节"一体化养殖的模式及特点"中"辅助区建设"的描述。功能模块场地平面示意图如图 2-7所示。

1. 产卵孵化区

产卵孵化区包括种蟾越冬池和孵化池,两个池也可以合二为一。主要用于春季种蟾抱对产卵、卵带孵化和蝌蚪养殖,直到幼蟾上岸。池塘的土质须不渗漏,宜建成深度 15～50 cm 的

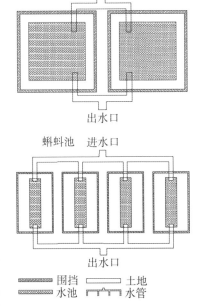

▲ 图 2-7 功能模块化场地布局平面示意图

长方形,如3 m宽、6 m长或4 m宽、10 m长,周围埂高30 cm,埂的内侧坡度要缓。

种蟾在越冬池越冬后,当气温高于10℃时,就会进行雌雄抱对产卵。中华大蟾蜍抱对时要求环境安静,因此种蟾越冬和孵化池宜建在养殖场中较为僻静的地方。产卵孵化池大小要根据养殖量确定,面积过大既造成场地的浪费,也不利于卵块的收集。面积过小时,水体易变质,同时也不利于中华大蟾蜍的活动。产卵孵化池呈四周浅、中间深的水体结构,浅水区用于产卵,深水区用于中华大蟾蜍浮游。池中可种植一些水生植物或抛投一些树枝作为蟾蜍产卵的附着物,便于收集卵带。为满足种蟾的生活需求,产卵孵化池的四周需留有一定的陆地供中华大蟾蜍活动,池四周留有陆栖活动场所,与池水面积比为1:1。水池内要设置饲料台。产卵孵化池的进水口、排水口和溢水口都要有目数较密的铁丝网,以防流入杂物或防止蟾蜍卵孵化出来的蝌蚪随水冲走。种蟾越冬池和孵化池要在四周加设防逃网,以防中华大蟾蜍逃逸和天敌侵入。

2. 蝌蚪养殖区

规模化养殖时,需要建设专门用蝌蚪饲养的蝌蚪池。分级分群饲养有利于蝌蚪的生长发育。为了便于统一管理,在同一地段可集中建设相同宽度的养殖池,以利于捕捞和分群管理。蝌蚪池的数量和每个池的大小应根据养殖规模而定,但通常要比产卵孵化池要大,例如建设成为8 m宽、20~30 m长或者6 m宽、15 m长的蝌蚪池。孵化后的初期蝌蚪浮游能力差,池水浅利于蝌蚪呼吸。随着蝌蚪长大,可逐渐增加水深,以增加蝌蚪的游动空间。水深一般控制在20~30 cm,不宜过浅,以防太阳照射后水温过高,造成蝌蚪死亡。若养殖场附近有流动地表水源,最好引入缓流水到每个蝌蚪池中,一是可以清除池水内杂质,保持水质,二是增加池塘内溶解氧。若养殖基地以井水作为养殖用水,应建立蓄水池,蓄水池要建在高于蝌蚪池的位置,这样可以自动向蝌蚪池供水,供水时不能让水在蝌蚪池之间循环流动,要分别有单独可控的供水管道和出水管道,避免交叉传染,利于隔离管控。

养殖户在蝌蚪池用于蝌蚪的大规模养殖时一定要注意蝌蚪密度,切不可因为场地较小的原因,不断增加蝌蚪养殖密度,养殖密度一般控制在约 500 只/m^2 的水平即可。超过这个养殖密度时,一定要通过其他池塘进行分池。蝌蚪的饲喂方式可参考本章第一节"一体化养殖的模式及特点"中"一体化养殖模式介绍"的内容。

另外,由于蝌蚪池通常在野外,对于天然池塘的消杀工作或者清塘工作一定要彻底,要彻底清除池塘中的蝌蚪天敌,如龙虱等。此外,蝌蚪发育期差异过大,需要分期管理,放入不同的蝌蚪池养殖;如果蝌蚪数量不大,或者生长分期不明显,则可以一直利用孵化池养殖。

3. 幼蟾养殖区

对在蝌蚪池刚完成变态的幼蟾,养殖户可小心捕捉,将其转移至幼蟾养殖池内。此时,幼蟾体内已基本无营养贮存,体质娇弱,摄食能力较差,对环境的适应能力较弱,往往容易出现幼蟾大量死亡,造成损失。这一阶段也是中华大蟾蜍养殖过程中非常关键且困难的时期,在此时期,如果饲喂管理得当,幼蟾不仅体格健壮,而且生长迅速,可大大缩短蟾蜍养殖的周期,提高成蟾产量,进而提高养殖的经济效益。

幼蟾养殖区的建设:幼蟾期已脱离水生环境,虽然对水的依赖性降低,但仍需要良好的两栖环境,在幼蟾养殖区内应有浅水沟,水的深度保持在 5～10 cm 即可,需长期保水。水沟面积占幼蟾养殖区面积的 20% 即可。幼蟾养殖区整体可设计为长方形,例如可建设成宽 5 m、长 15 m 的形状,具体可根据各自场地的条件进行场地设计。幼蟾养殖区外侧建设防逃围栏,可采用塑料薄膜、彩钢板、孔径细密的尼龙网、石棉瓦等耐用材料。围栏的墙基要先铲平，墙基深 30 cm 以上，围栏板块接头要严密，高 60～80 cm，顶部要设向内折 90°～120°的沿，长 10 cm，围栏外最好设一套"电猫"防鼠，"电猫"的铁线距墙面和地面各 5～8 cm。部分鸟类喜欢啄食幼蟾，因此需在幼蟾养殖场的上方架设防鸟网。防鸟网高度 2 m，以便利于人员进出幼蟾养殖区。若幼蟾养殖区周边无高大树木遮阴，则需在架设防鸟网的同时铺设遮阴网，防止幼蟾被晒伤。

喂食台的架设和饲喂管理：幼蟾喂食台架设及饲料的饲喂细则可参考本章第一节"一体化养殖的模式及特点"中"场地建设"和"一体化养殖模式介绍"的相关内容。若场地不规则，则需根据场地条件，在幼蟾上岸初期，尽可能多地铺设喂食台，尽早且尽可能多地投喂适口昆虫饲料，以保证幼蟾饲料充足，并在幼蟾适应昆虫饲料后，逐步增加颗粒饲料的混合投喂比例，逐步过渡到纯颗粒饲料饲养阶段。

幼蟾生长成 10～15 g 的小蟾蜍时，已具备捕捉野生昆虫的能力，这时可以在基地内架设黑光灯，每间隔 5 m 架设一个。根据各地入夜时间不同，在入夜后开灯，便于夜间引诱野生昆虫，为幼蟾提供丰富多样的野生食物来源。

4. 成蟾养殖区

幼蟾和成蟾池主要用于幼蟾上岸后的精细饲养和后期成蟾的分区饲养，以分开大小蟾蜍，避免发生"大吃小"的现象。

成蟾后对水的需求继续减少，只需要场地潮湿，有遮阴环境即可。成蟾养殖池的围栏建设可参考幼蟾养殖池。

成蟾的饲喂主要依靠颗粒饲料和喂食台，每天定时定点投放颗粒饲料，同时，也要安装黑光灯用于野生昆虫的诱捕和饲喂。喂食台上的振动器可安装定时开关，每天定时开关，既经济又实用。具体投喂时间和振动器设置方式参考本章第一节"一体化养殖的模式及特点"中"场地建设"和"一体化养殖模式介绍"的相关内容。

5. 越冬池

越冬池建设按照本章第一节"一体化养殖的模式及特点"中"场地建设"的要求建造。

中华大蟾蜍多数是水下越冬,越冬池的冰层下面至少应该有1m的水,这样才能保证蟾蜍安全越冬。我国东北地区天气严寒,越冬池水有可能被完全冻住,造成水体缺氧,可以通过两种方法来解决:①在冰上凿通气孔,使下层水接触到空气;②打开越冬池的进水口和出水口,保证冰下水为流动状态,这就必须要求上游河套水、溪流水不被完全冻住,这与地理条件有一定的关系,因此养殖户在越冬管理时要做到因地制宜,管理技术要灵活运用。越冬池可直接建设成锅底状,方便蟾蜍越冬即可,深度要根据不同地区的冬季温度和冰层厚度确定,要确保冰层下留1m以上的水深,不能在冬季被冻干。越冬池种蟾的越冬密度不能太大,防止因缺氧而死。

6. 其他要点

建造产卵孵化池、蝌蚪养殖池、越冬池时,均需设计进水口和出水口,各孔处应加设细目耐腐蚀的丝网,各池均应有通向水源或贮水池的专用可控水流管道,池周有排水沟。进水口设在池的上方,排水口设在池的底部。所有养殖池均采用土池,不建议用水泥池,因为蝌蚪在变态为幼蟾上岸时,水泥池会吸收热量而发烫,有可能灼伤幼蟾皮肤,甚至蒸干水分,使幼蟾粘死在水泥池上面。如果选用养鱼池等作为产卵池,在放进种蟾之前要彻底清池,清除野杂鱼和其他两栖类动物等。

各种功能的养殖池最好要建设多个,一是可增加风险应对能力,二是可增加种源数量,三是可以分级管理。每个养殖池面积大小要适当:过大则管理困难,投喂饲料不便,一旦发生病害,难以隔离防治,容易造成不必要的损失;过小则浪费土地和建筑材料,也会增加操作次数,同时,面积过小的水体其理化和生物学性质不稳定,不利于中华大蟾蜍的生长和繁殖。

孵化池的功能可以和蝌蚪养殖池的功能合并,前提是孵化池符合蝌蚪养殖池的要求。总之,养殖户应根据各养殖场的条件,综合利用场地,在满足功能要求的基础上,节约场地改造费用。

三、功能模块化养殖模式特点分析

功能模块化养殖模式有以下优点和缺点:

(1)很好地区别中华大蟾蜍不同养殖阶段,多样化的场地建设避免了场地有害物质的积累,有利于保持养殖场地的清洁。

(2)有利于充分利用现有场地,可在不同地形情况下,根据养殖阶段设置场地,无须大面积宽阔的养殖场地。

(3)不同阶段间的转移可能导致中华大蟾蜍的应激反应,发生对新场地的不适应,从而导致中华大蟾蜍养殖失败。

(4)养殖过程中的场地建设受自然条件限制,大型机械可能不太容易进场,所以场地建设的质量不高。

第四节

野生抚育养殖模式及特点

中药材野生抚育是指在保持生态系统稳定的基础上,对原生境内自然生长的中药材,根据其生物学特性及群落生态环境特点,主要依靠自然条件,辅以轻微干预措施,提高种群生产力的一种中药材生态培育模式。对于中华大蟾蜍而言,野生抚育养殖模式就是以良好的两栖自然资源条件为基础,调整产卵孵化等微环境,为中华大蟾蜍提供良好的繁育和生长条件,提升存活率,并在适当的季节捕获野生抚育增殖的中华大蟾蜍,获取蟾酥药材。

　　本节主要介绍中华大蟾蜍野生抚育的基本原则、抚育模式、抚育基本要求、基地建设与管理以及资源调研方法等内容。本节内容适用于森林、草原、湿地等生态系统原生境下开展中华大蟾蜍野生抚育作业和管理的养殖场参考。

一、中华大蟾蜍野生抚育的基本原则

　　(1) 中华大蟾蜍野生抚育的基本原则是保护优先,遵循自然。首先要保护中华大蟾蜍种质资源与原生境,保持中华大蟾蜍生态系统的自然性和完整性,遵循整个自然生态系统的演替规律,遵从野生中华大蟾蜍的生态习性和生物学特性,保障其在原生境条件下的优良属性。

　　(2) 根据中华大蟾蜍的生长规律,因地施策,轻微干预。根据野生中华大蟾蜍的自身特性和原生境自然条件差异,施以针对性的轻微抚育措施,维护自然种群动态平衡,避免过度干扰或捕捉而造成资源破坏。

　　(3) 合理开发中华大蟾蜍资源,永续利用。在充分保护中华大蟾蜍资源的前提下,科学制订抚育方案和采收计划,以便维持原生境生态系统的稳定性和种群更新的可持续性,形成野生中华大蟾蜍越采越多、越采越好的局面。

　　(4) 注意开展环境质量监测、养殖计划、蟾酥质量监测等抚育过程管控,确保蟾酥药材的质量,并且可以溯源。

二、中华大蟾蜍野生抚育的模式

　　中华大蟾蜍野生抚育的模式应依据具体野生抚育地点的中华大蟾蜍原生性特点和生境状况,综合考虑气候、土壤、水分、养分等条件及其影响因素,结合中华大蟾蜍的资源分布和蕴藏量,确定中华大蟾蜍资源保护、原生境保育与采收利用相协调的抚育模式。常见的中药材野生抚育模式主要包括封育模式、轮采模式、密度优化模式、多维调控模式、定向抚育模式。就中华大蟾蜍而言,宜选择封育模式和多维调控模式结合的方式进行。

封育模式是根据中华大蟾蜍的生物学与生态学特性,采用全封闭管理的模式。在封闭期内,主要依靠天然更新能力,维持目标种群的生产能力。多维调控的中华大蟾蜍野生抚育模式是指根据中华大蟾蜍生长的具体情况,采用优化产卵孵化环境、增加饲料来源、防控天敌和疾病等调控措施,优化中华大蟾蜍的生长条件,提高中华大蟾蜍产量,并保持所产蟾酥药材质量的抚育模式。

三、中华大蟾蜍野生抚育基本要求

1. 中华大蟾蜍野生抚育区选定

中华大蟾蜍野生抚育应选择在中华大蟾蜍集中分布的原生境内,选择无污染、有经营潜力的区域,远离污染源和强人类活动区,确保环境空气质量较高。当然,在设立生态保护红线和各类自然保护地内的野生抚育区,其位置、功能分区和抚育活动要遵守林业和草原主管部门的相关规定。

2. 野生中华大蟾蜍的种群数量和种质鉴定

根据资源调研(调研方法见本节"五、资源调研的主要方法"),选择中华大蟾蜍野生资源分布多的区域进行野生抚育。当然,蟾蜍的物种基原应当经过鉴定,确认为中华大蟾蜍。

3. 中华大蟾蜍野生封育抚育

根据当地中华大蟾蜍的分布、数量、生长发育状况及环境条件等因素,对野生抚育区采取全封闭抚育管理。主要依靠中华大蟾蜍的自然抱对产卵,人工干预蟾蜍卵的孵化和蝌蚪的变态,通过促使其自行迁徙、自行觅食等方式增加种群个体数量。为保证封闭效果，可采取设置围栏、界桩、标示牌、哨卡及人工巡护等措施。实施围栏措施时，应注意建立野生动物迁徙通道。

4. 中华大蟾蜍的辅助繁育

根据中华大蟾蜍生长发育的特性与生产需要，需要在繁育饲养场地、蝌蚪的饲养、幼蟾和成蟾的饲养、越冬、回捕采收阶段，进行人工干预，以保证中华大蟾蜍越养越多。其中，场地建设需要注意蝌蚪池的场地修整、场地围栏的建设和巡视维护、幼蟾和成蟾的饲料补充、越冬池的建设以及不同回捕方式的结合使用等。

5. 有害生物防治

要以预防为主，注意对产卵孵化池塘的清塘，清除蝌蚪的天敌，注意养殖场地围栏的完整，防范鼠蛇入侵，定期巡视，按照"物理防治优先，生物防治为辅"的原则，优先采用隔离防护、人工捕杀、诱杀有害生物的物理防治技术，禁止使用人工合成的化学药剂。

6. 采收

根据中华大蟾蜍的生长特性和药用部位，应在春季出蛰后及入冬前捕捉收集中华大蟾蜍，人工巡逻收集中华大蟾蜍，集中采集蟾酥鲜浆。采浆后的蟾蜍集中存放于陆地2~3天后再放归养殖场。同时，应注意控制采收量，根据中华大蟾蜍的资源调研数量，结合自然繁殖速度，科学设置中华大蟾蜍的采收量。采收量一般不低于采收下限，不高于采收上限，过低则不利于资源有效利用；过高则不利种群繁殖，会使种群缩小。

7. 采后加工

中华大蟾蜍捕捉后，应集中清洗，拣选，去除较小而不能采浆的幼蟾，然后采集蟾酥鲜浆。采集好的鲜浆应及时放入冰柜冷冻储存，或者及时干燥加工成蟾酥药材，并及时放入冰柜冷冻贮藏。

8. 蟾酥药材的质量评估

定期开展蟾酥药材性状、含量等理化指标和重金属、农药残留等成分检测,保证蟾酥药材质量达标。

9. 蟾酥药材的溯源管理

利用现代信息技术,构建涵盖产地环境、中华大蟾蜍抚育过程、采收、加工、检验、贮藏、运输等关键环节的全程质量安全追溯管理体系,完成蟾酥药材的溯源管理。

四、中华大蟾蜍抚育基地的建设与管理

中华大蟾蜍抚育基地的建设与管理应按照科学规划、合理布局的原则,因地制宜地建立中华大蟾蜍抚育基地,其环境评价应符合相关规定和要求,须编制总体规划和养殖方案。按照林草中药材野生抚育的需要,可修建简易的养殖通道、集采道、临时工棚、围栏、标识、整理装置等辅助设施。注意加强人员培训,并对抚育活动相关的台账、文件、图册、音像等资料及时建档、管理,安排专人负责、长期保存。

(一) 中华大蟾蜍野生抚育基地的选址

1. 选择原则

选择适合中华大蟾蜍生活的天然场所作为野生抚育基地。野生抚育基地必须在中华大蟾蜍的自然分布区域内,自然状态下没有中华大蟾蜍分布的场所不能作为养殖场地。基地选址的适宜环境可参考图 2-8。

2. 地形地势的选择

以自然形成的山和沟作为养殖单元,也就是"两山夹一沟"或"三山夹两沟"的小型生态系统,以便于抚育基地的区分和管理。通常沟长 2~10 km,沟宽 200 m 以上,而且溪流两岸较为平缓,这

▲ 图 2-8　野生抚育场选址参考环境

样的山形地势最合适作为中华大蟾蜍的抚育场。

3. 植被条件的选择

主要考虑森林类型和林下植被两部分。中华大蟾蜍的抚育场应选择在阔叶林或以阔叶为主体的针阔混交林地带，不能选择在大片针叶林特别是落叶松林为主的林地，同时要考虑林相结构，如森林的层次、密度和年龄都要适当，最好有乔、灌、草三层遮阴的林地，要保证林下光线暗淡、湿度大、盛夏季节温度低，郁闭度应在0.6以上。林下地表植被要求密集且高度在 30 cm 以上，草本植物茂盛，有较厚的枯枝落叶层，有零星分布的灌木丛，林缘有塔头草甸植被，这样的地带能为中华大蟾蜍提供充足的昆虫食物，提供较好的中华大蟾蜍栖息环境。

4. 水源条件的选择

中华大蟾蜍的抚育区必须有充足、无污染的水源。最好选择具有常年溪流的小流域。尽管溪流的水量会随季节变化，如常年不干涸、不断流，夏季可作为控制中华大蟾蜍的水源，冬季可作为越冬水源，春季可作为繁殖用水。有些山沟比较短，具有季节性溪流,也可以被选作中华大蟾蜍抚育区,春夏秋三季有水,冬季采取人工修建越冬池来贮水越冬。以江河水库作为养蟾场的水源也可以。

(二) 中华大蟾蜍抚育场的建设

中华大蟾蜍抚育场的建设主要包括中华大蟾蜍产卵孵化池、蝌蚪饲养变态池、越冬池及围栏。另外要建设临时工具房、饲料培养车间、饲养加工车间。中华大蟾蜍抚育场的平面示意图见图2-9。

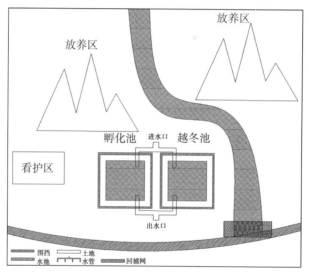

▲ 图2-9　中华大蟾蜍抚育场的平面示意图

1. 产卵孵化池

若池塘条件较好,可利用现有天然池塘,也可采取挖土池的办法,这样既经济又有效,可就地挖掘长4 m、宽3 m、深30 cm的池子若干个,池埂高50 cm,内坡要缓,埂要实,防止倒塌,进排水口应对侧设置,池底铲平压实,中央留一个锅底坑大小的深坑,坑深50 cm。

2. 蝌蚪养殖池

饲养蝌蚪的水池修建方法与产卵孵化池相同,二者可合并使用,只需增加数量即可,防止蝌蚪密度过大导致的不良影响。

3. 幼蟾池

幼蟾池是管理由蝌蚪变态成幼蟾的水池,是分散修建在放养场内的水池。幼蟾池要提前修建好,提前10天放水浸泡,然后排水消毒。幼蟾池要分布在溪流两侧,有流动水源,地势平坦,低洼潮湿,有疏林灌丛,幼蟾池要距放养区较近而且有较好的天然植被,以利变态成的幼蟾有较好的栖息环境和上山通道。幼蟾池面积以10 m² 为宜,池底四周高,中间低,放水后有10~20 cm深的水层,池埂内壁要有较缓的坡度,便于幼蟾上岸活动。如果养殖规模较大,可在一处修建产卵孵化和蝌蚪养殖池,幼蟾池在放养场内分散修建,便于适时把快变态的蝌蚪送入幼蟾池,完成变态后,幼蟾即可在放养场所活动。

4. 围栏建设

围栏建设是保护中华大蟾蜍资源和提高经济效益的重要工程(图2-10)。一个较小的中华大蟾蜍抚育场的围栏的位置是从越冬池的拦水坝开始,向左右延伸直到两山坡顶部,再沿着山脊线把整个抚育场围栏起来,使所有中华大蟾蜍饲养设施全部在一个围栏之内。如果中华大蟾蜍的抚育场规模较大,围栏要从最低处的一个越冬池开始,向两面山坡延伸,把较缓的山坡围栏起来,高山顶部可以不围栏(中华大蟾蜍的迁徙路径一般不能到达)。修建围栏的方法很多,所用材料也不同,包括铁筛网、水泥板、红砖、石棉瓦和塑料农膜等,效果最好的是用铁筛网做围栏,但一次性投资较大,成本最低的是利用塑料薄膜做围栏,这种方法很普遍。具体做法:在需设围栏的地方,割出一米宽的小道,沿道一侧固定木桩,每隔 3～4 m 立一根，地面以上高 60 cm，木桩向场内倾斜 30°，在木桩顶端固定细铁丝或穿粗铁线，如用双层塑料膜则不用向回折，可在木桩外侧的地面挖一小沟，把塑料膜的下沿用土埋在沟内并踏实固定，塑料膜上沿从外向内搭在铁线上面，伸长 40 cm 左右，再将塑料膜向回折固定在铁线上，这样在铁线下方就出一个约 20 cm 长的塑料套，在套内放少量砂粒或穿上铁丝网，就形成了一个向内倾斜的塑料檐子，使其自然下垂，起到防止蟾蜍逃逸的作用。

▲ 图 2-10　野生抚育场围栏建设

5. 越冬池的建设

越冬池也叫冬眠池，是供中华大蟾蜍冬眠的地方。如果抚育场内有较大溪流，长年不断水，又有稳水区和深水湾，一般水深 1.5 m 左右，最好利用这些有利条件，加以适当改造和修建。当前利用这种越冬场所的效果最好，因为这种越冬池接近中华大蟾蜍的自然越冬环境，距放养场较近，一般超不过 2 km，蟾蜍可以自行进出，损失较少。人工修建越冬池要合理地布局，一个较长的流域可分成几个放养区，就相应修建几个越冬池。越冬池的上游河段一般在 300 m 之内,中华大蟾蜍可以感受到水的温度与流速,通过河流自行进入越冬池,溪流两侧 1 km 左右范围内的中华大蟾蜍,也可以自行集中到越冬池,所以每 300 m 河段修建一个越冬池,面积 100~200 m²。越冬池要修在溪流平坦的一侧,进水口距溪流 10 m 左右,要有引水渠道和防洪措施,不能截断河流,防止被洪水冲垮。修建时向地下挖深 2 m,靠排水口处留有锅底坑,深达 2.5 m,上游进水口设闸门与引水渠相通,出水口要高于池底 2 m,保持池水深 2 m 左右,在出水口下方近地面处埋设排水管,供秋季放水捕捉中华大蟾蜍时使用。在整个越冬过程中,使水流从上水口进入,从排水口流出,保持水池的水体呈微微流动状态,提高水中溶解氧量,保证中华大蟾蜍安全越冬。

(三)养殖管理

1. 蝌蚪的饲养管理

蝌蚪饲养的好与坏,直接影响到整个中华大蟾蜍抚育工作的成败。当蝌蚪期饲养技术不过关时,易造成蝌蚪大量死亡,有的全场毁灭,其主要原因包括食物严重不足、供水污染、水中溶解氧不足、放养密度过大、病害严重等。因此,要养好蝌蚪,应抓好以下 4 个技术环节:①在合理调整养殖密度上,应根据蝌蚪的日龄,确定合理的放养密度。一般情况下,蝌蚪日龄小时放养密度可大一些,蝌蚪日龄大时放养密度要小一些。蝌蚪 15 日龄前,密度可为 3 000 只/m²,超过此密度会出现水质污染、溶解氧不足及争夺食物现象,中午时会有大批蝌蚪头顶出水面。蝌蚪 15~25 日龄时,密度宜为 2 000 只/m²;蝌蚪 25 日龄到变态初期龄前,密度宜为 1 000 只/m² 左右。捕捞蝌蚪时要防止碰伤,快速放入新水池。目前生产中普遍存在着密度过大的问题,从而导致死亡现象较严重。如果蝌蚪体形小、变态幼蟾瘦弱,当年成活率往往较低。所以要想培育健壮的大蝌蚪,必须控制合理的放养密度。②在科学喂食方面,抚育基地的蝌蚪除自然取食外,也要人工饲喂一定数量的饲料,可采集一些当地的植物饲料,如酸模、车前子、蒲公英等加上精饲料如玉米面、米糠、豆饼粉和一些动物性饲料,把这些饲料加水煮,制成混合饲料,冷却后喂食蝌蚪,有的还可加入一些鱼粉,但要注意鱼粉的质量和含盐量,防止中毒。根据蝌蚪生长天数和摄食量不同,确定每次投饲量,一般以每次投料能被蝌蚪吃完、稍有剩余为好,防止投入太多而污染水质。在前期每天投饲一次,都在早晨投放,中后期每天投两次,第一次早 8:00 投放,第二次下午4:00 投放。③在水体改善方面,由于人工繁殖蝌蚪的数量大,蝌蚪本身的代谢产物以及剩余饲料会使池水很快被污染,必须通过换水才能解决。在蝌蚪 15 日龄前,养殖池应白天灌浅水,保持水深 10 cm 左右,经过日晒使水温增高,夜间灌深水保温,保持水深20~30 cm。蝌蚪 15 日龄以后,其体长、体重增大,食量大,耗氧量也相应增加,要采用大流量的流水灌注法,使进、出水口呈对侧设置,利于快速排污,注入新鲜水,保证蝌蚪正常呼吸对溶解氧的需求。此外,还要利用灌水方式预防低温冷害和高温伤害。有时 5月上中旬会出现低温,养殖池的水位要达 30 cm 以上;6月份要防止高温伤害,可提高排水口,加深水位,以达到降温的目的。要严防水温超过 28℃,避免选成蝌蚪死亡。蝌蚪期灌水既要防止断水,又要预防洪水冲毁饲养池而造成蝌蚪大量流失。④在防治蝌蚪天敌和病害方面,可参考本书"第四章 养殖注意事项"中"第五节 疾病防治"和"第六节 天敌防控内容"。

2. 蝌蚪变态期的饲养管理

在蝌蚪开始变态上岸时,要及时用塑料膜将池塘围起来,防止变态幼蟾外逃。围栏与池塘外侧须留出 1~2 m 的幼蟾活动场所。由于蝌蚪刚进入变态期,进入变态期的时间也参差不齐,未进入变态期的蝌蚪仍然需要喂食,同时需要在饲养池四周投放一些遮蔽物,为幼蟾上岸栖息创造条件。当绝大部分幼蟾上岸活动,不回到水中生活时,应把围栏打开,让幼蟾自由上山进入放养场,开始陆栖生活。刚变态的幼蟾在一周内基本上不会离开池塘周边,仍在四周活动,但已完全脱离水池,进入陆地生活,栖息在水池周围的草丛或遮蔽物下面,这时需要适时喷水保湿。幼蟾的尾部完全吸收之后就会开始摄食,主要捕食小昆虫,在自然状态下,常因开口食不足而大量死亡,所以要在幼蟾池周围幼蟾集中的地方,供给充足的饲料,每天喂食一次,如平均每只幼蟾喂食 2~3 日龄黄粉虫幼虫 1~2 只。变态期幼蟾的天敌很多,主要是食肉昆虫和鼠类,要做好防护。这样集中管护喂养一周左右,幼蟾即可进入抚育场的林中生活。

3. 幼蟾和成蟾的放养管护

幼蟾和成蟾在林中生活时间较长,而且一旦进入林地,中间不会再回到水中生活,只在湿润条件下生活。这段时间也要加强管理,采取有效措施,才能确保取得较好的经济效益。主要做法如下:①提高幼蟾的成活率。幼蟾从幼蟾池到放养山林要通过一段距离,往往会因为这条通道条件不好而死伤大半,幼蟾池与野生抚育主场地的距离要短,而且要有潮湿的植被遮阳,一方面人为建造一条绿色通道,防止幼蟾通过干旱的农田或裸地,以降低幼蟾死亡率;另一方面要解决好幼蟾的开口食问题,防止其被饿死。②安排设专人经常检查围栏,防御幼蟾天敌。保持围栏的完好是防御幼蟾天敌危害和防止其逃逸的最好办法,安排专人经常性沿围栏内侧小道和中间作业道检查,发现有损坏要及时修补,有鼠蛇洞穴要及时封堵,保护中华大蟾蜍不受侵害。③千方百计扩大中华大蟾蜍的饲料来源:在放养场安设黑光灯引诱昆虫,也可放置多个蒿草堆招引昆虫,还可在场内堆放人畜粪便或黄粉虫粪繁殖昆虫和蝇蛆,包括在场地挖沟养殖蚯蚓等。④清理溪流中的大石块及阻水杂物:清理河道使流水畅通,使中华大蟾蜍越冬时能够顺利回归,快速进入冬眠池。

(四) 野生抚育中华大蟾蜍的捕捉方法

1. 塑料围栏捕捉法

野生抚育养殖的中华大蟾蜍在深秋季回归越冬池比较集中。在霜降前后如遇有阴雨天气,中华大蟾蜍就会成群沿溪流及其两侧向越冬池集中,这一个过程在几天内就会结束。养殖场可利用这个机会设置路障捕捉中华大蟾蜍(路障设置如图 2-11):把未满 20 g 重的幼蟾放入越冬池,同时在越冬池的四周设临时性围栏,并且用纱网封死溪流,在围栏中留几处纱网入口,让幼蟾自由钻入,这样成蟾就被留在外边,可进行人工捕捉。捕捉到的中华大蟾蜍可放入编织袋或麻袋,洗净后取浆。取浆后的中华大蟾蜍放回山林,做到生物保护模式利用。

▲ 图 2-11　设置路障捕捉中华大蟾蜍

2. 放水捕捉法

在中华大蟾蜍回归时不进行捕捉,同时清理河床,使中华大蟾蜍顺利回归越冬池(图 2-12)。在中华大蟾蜍进入池中 15 天以后,首先把越冬池底部的排水管打开,设防逃网,把池水放干,迅速捕捉成蟾,让幼蟾仍留在水池中越冬,捕捞后立即关闭水管闸阀,贮水越冬。

▲ 图 2-12 放水捕捉法

(五) 中华大蟾蜍的越冬管理

中华大蟾蜍野生抚育场内都建有专用的越冬池,初期气温高时幼蟾会上岸活动,当气温下降到 5℃ 以下时,幼蟾就进入深水中冬眠。越冬池仍然需要严格管理,如需要经常检查出、入水口是否断水,如发现断流则要设法排除故障,保持池中水体处于流动状态;使用多年的越冬池要在越冬前进行清塘,用石灰水全面消毒,彻底清除杂鱼,捣毁岸边的鼠洞,减少天敌危害;越冬池的冰面要保持清洁,扫除积雪,使池中的水生植物能顺利进行光合作用,以增加水中的溶解氧,同时要防止冰面有较大震动,减少中华大蟾蜍活动。

五、资源调研的主要方法

为保护野生抚育场内中华大蟾蜍物种资源的丰度,需要连续多年评估所选场地中华大蟾蜍的资源情况,用于确定最大采收量和最小采收量,确保中华大蟾蜍物种资源的平衡。

本书介绍的中华大蟾蜍资源调研的方法主要根据国家生态环境部 2015 年 01 月 01 日发布的环境标准《HJ 710.6—2014 生物多样性观测技术导则 两栖动物》和 2017 年 12 月 28 日发布的《县域两栖类和爬行类多样性调查与评估技术规定》及相关文献资料拟定。在开展观测之前,要了解和熟悉观测对象的生物学特性和分布特征,确定观测区域。结合调查区域的地形、地貌、海拔、生境等,确定调查方法,设置调查样线。可以根据不同物种的生活史特点以及活动节律(如繁殖、迁移、越冬等),选择中华大蟾蜍分布的重要地区、典型地区、过渡地区等开展观测。

(一)资源调研的条件

调研人员能在野外准确地识别两栖动物成体、亚成体、幼体、蝌蚪和卵,掌握野外操作规程和安全防范措施。需准备观测仪器和工具,包括塑料桶、塑料布、铁锹、手电筒、卷尺、游标卡尺、注射器、照相机、全球定位系统(GPS)定位仪、pH 计、指南针、电子秤、电子标签、蛇药、外伤药等。

(二)制订观测方案

观测方案应包括观测范围、观测方法、观测内容和指标、观测时间、数据处理、观测者等。观测样地应具有代表性,能代表观测区域的不同生境类型。所选择的观测样地应操作方便、可行，便于观测工作的开展。所选择的观测样地一旦确定应保持固定，以利于观测工作的长期开展。采用 GPS 定位仪和其他方法对观测样地进行定位，并在电子地图上标明观测样地的位置。

通过观察动物形态观察、水网捕捞、徒手捕捉等方法进行种类调查，通过以下样线法、标记重捕法、栅栏陷阱法、直数卵带法进行数量调查。

（1）样线法：根据中华大蟾蜍分布与生境因素的关系如海拔梯度、植被类型、水域状态等设置样线。样线应尽可能涵盖不同生态系统类型。在湿地或草地生态系统，可采用长样线，长度在 500～1 000 m；在生境较为复杂的山地生态系统，可设置多条短样线，长度在 20～100 m。每个观测样地的样线应在 7 条以上，短样线可适当增加数量。样线的宽度应根据视野情况而定，一般为 2～6 m。在水边观测中华大蟾蜍时可以在水陆交汇处行走。观测时行进速度应保持在 2 km/h 左右，行进期间可记录物种和个体数量，不宜拍照和采集。通常 2 人合作，一人观测、报告种类和数量，另一人填表记录。记录表中应记录地点、观察日期、开始时间、结束时间、观测者、起点经纬度、海拔、终点经纬度、海拔、样线长度与宽度、天气、气温、湿度、水温、pH、生境类型、发现成体的数量、幼体的数量、蝌蚪数量、卵带数量等信息。利用 GPS 定位仪对样线的起点和终点进行定位，可以开启手持 GPS 定位仪的线路功能，将样线线路附加到电子地图上。根据中华大蟾蜍的活动节律，一般宜在晚上开展观测。每条样线要在不同日期开展 3 次重复观测，应保持观测时气候条件相似。

样线法能估算种群相对密度，根据多次的种群相对密度数据，评判野生抚育后中华大蟾蜍资源数量的增加或者减少，进而评估中华大蟾蜍捕捉量的高低。计算公式如下：

$$D_i = \frac{N_i}{L_i \times B_i}$$

式中,D_i——样线 i 的种群密度;

$\qquad N_i$——样线 i 内物种的个体数;

$\qquad L_i$——样线 i 的长度;

$\qquad B_i$——样线 i 的宽度。

(2)直数卵带法:在中华大蟾蜍繁殖产卵期,结合样线法开展调查,进行记录。根据得到的数据,评估年度中华大蟾蜍资源数量,并比较野生抚育前后中华大蟾蜍资源数量的变化,评估捕捉中华大蟾蜍捕获量的高低。计算公式如下:

$$N = n \times c \times 80\% \times 3\% + 2n$$

式中,N——中华大蟾蜍总数;

$\qquad n$——卵带数;

$\qquad c$——卵粒数(中华大蟾蜍取 $c = 1\,500$)。

(三)编制观测报告

观测报告内容包括前言,观测区域概况,观测方法,中华大蟾蜍的区域分布、种群动态、面临的威胁,对策建议等。

六、野生抚育养殖模式特点分析

中华大蟾蜍野生抚育养殖模式有以下优点和缺点:

(1)养殖成本低。该方法十分适合已承包林场的农户进行养殖,可充分利用现有资源,投入低,回报大。

(2)林场资源丰富,不占用基本农田,受到国家发展林下生态中药相关政策的鼓励。

(3)中华大蟾蜍取食野生昆虫,所产蟾酥的含量较高。

（4）该模式的缺点主要是：①后期中华大蟾蜍的回捕比较困难，需要结合当地特点创新回捕方法以达到适宜的采收量。②由于幼蟾期扩散到野生环境，得不到较好的饲料饲喂和天敌防御保护，所以幼蟾的成活率较低。③由于野生环境中华大蟾蜍所获得的营养不够，或者由于气候原因，中华大蟾蜍生长时间短，可能导致养殖周期延长，当年养殖的中华大蟾蜍并不一定能在当年全部取浆。

第三章
中华大蟾蜍养殖技术及蟾酥
质量控制研究

任何一个行业的发展和进步都离不开核心技术的支撑,技术成果的产出及其应用是产业提升发展的保障。动物药材养殖涉及动物的生态环境、生理机制、动物医学、动物营养学、遗传育种、中药资源学等多个学科,每一个专业方向都需要大量的科学研究,而只有相关学科的科技水平能够支撑行业发展时,该种动物的养殖事业才能发展壮大。任何一门科学研究与技术技能的欠缺,都会导致养殖过程风险加大,从而对该动物养殖行业的发展提出挑战。

中华大蟾蜍养殖技术的研究工作需要专业技术人员在野外或室内养殖实验场地内实施。目前,蟾蜍野生资源减少、蟾酥价格上涨已引起中药、林业、农业、药监等部门的关注,但由于前期较多研究集中于蟾酥药材的化学成分、药理作用、质量标准以及源于蟾酥成分的创新药物开发,而针对蟾蜍养殖的研究相对较少。一方面,国内外高校和科研单位没有专门研究蟾蜍养殖的团队,也未设置专门培养中华大蟾蜍养殖专业人才的专业;另一方面,凭经验养殖的农户缺乏观察、研究、检测的技能,不能形成严谨的科学数据和结论。加上中华大蟾蜍养殖起步晚,使得我国中华大蟾蜍的养殖技术水平远远落后于其他经济两栖动物如牛蛙、黑斑蛙等蛙类的养殖。

中华大蟾蜍养殖最难的是规模化。为此，上海和黄药业有限公司蟾蜍基地团队一直在开展大量研究攻关，通过 2014 年至今长达 9 年的深入观察和监测，积累了大量有价值的研究数据，形成了一系列科技成果，一方面为中华大蟾蜍人工规模化养殖成功提供了强有力的技术支撑；另一方面丰富了中药资源学的学科内容。本章重点介绍在中华大蟾蜍养殖关键技术及蟾酥全产业链质量控制研究成果，让中药专业人士更深了解中华大蟾蜍资源分布特征以及影响蟾酥品质的因素，也让养殖户在养殖、加工以及存贮过程中牢牢树立提升和保证蟾酥质量的理念。

第一节

蝌蚪养殖技术研究

中华大蟾蜍养殖过程中，蝌蚪阶段的养殖效果直接影响幼蟾的存活率。如果蝌蚪在养殖过程中营养充足，体格健壮，则变态后上岸幼体的体重就较大，开口就比较容易；反之，如果蝌蚪阶段养殖效果较差，蝌蚪体格较小，则变态上岸幼体的个体就小，体重较轻，不易开口取食，容易死亡。因此，如何能在蝌蚪阶段使之体格健壮，是成功养殖的第一步。

一、蝌蚪养殖简介

蝌蚪养殖是一个水产养殖过程，其在水质管理、饲料管理上都有专业要求。在本节中，我们就蝌蚪饲养密度、饲料蛋白含量等因素进行研究，以便提升蝌蚪养殖技术水平，确保产出优质蝌蚪。

二、蝌蚪养殖密度对体重的影响

在养殖蝌蚪期间，没有经验的养殖户认为蝌蚪密度越高越好。其实，这是个不科学的观点，因为蝌蚪的密度是有一定限度的。国际顶级自然科学杂志《Nature》有一篇报道（doi：10.1038/nature.2017.22734），当蝌蚪密度超过一定的限度后，蝌蚪自身会分泌一些毒素，以此来抑制其他同伴的生长，但这样做的同时也消耗了其自身的能量，因此，高密度养殖蝌蚪的个体体重通常较低，变态后的幼蟾上岸后死亡率更高。

1. 蝌蚪不同生长密度对体重影响研究

为了解蝌蚪不同生长密度条件下对体重的影响，我们进行了细致的对比研究，具体研究方案如下：

准备 15 只收纳箱，按照 5 个密度梯度（2.5、5、10、15、25只/L）进行蝌蚪饲养，每个密度组做 3 个重复；每个收纳箱养殖水体为 20 L；饲料采用统一的青蛙蝌蚪饲料进行定时、定量饲喂；每周进行样本的体重测量。

实验结果如图 3-1 所示。

从图 3-1 可以看出，各组蝌蚪的生长发育趋势具有明显差异：各组蝌蚪体重随着密度的升高，平均体重逐渐降低。密度最低组（2.5 只/L 组）的蝌蚪个体最大体重接近 400 mg，而密度最高组（25 只/L 组）的蝌蚪个体体重最大不到 200 mg，可见蝌蚪饲养密度对体重的影响非常明显。密度大于 5 只/L 时，蝌蚪的体重较小，不利于上岸后幼蟾的成活。实际操作发现，密度在5 只/L 以下，换水次数少，水体能较长时间保持清新，蝌蚪保持良好的活力，死亡较少发生，水体承载力得到良好发挥。因此，综合实验结果和文献调研，推荐养殖密度小于等于 5 只/L，即5 000 只/m³。

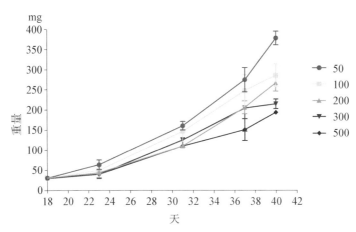

▲ 图 3-1　各组蝌蚪生长发育曲线图(50 代表 2.5 只/L 组,100 代表 5 只/L 组,
200 代表 10 只/L 组,300 代表 15 只/L 组,500 代表 25 只/L 组)

2. 蝌蚪密度估算

考虑到各养殖户的实际条件,不能像实验室一样进行精细的密度控制,我们特别制作了密度估算看板,用于养殖户日常估算养殖密度。

看板的制作采用养殖方盒,按照面积折算蝌蚪密度,共制作了从 200/m³ 到 50 000/m³ 的 8 个看板(图 3-2)。养殖户可通过和

▲ 图 3-2　蝌蚪密度估算看板

看板的比较,估算养殖池中蝌蚪的密度水平。举例:若蝌蚪养殖池中的蝌蚪分布大致如图中 2 000 只/m³ 的密度水平,则可认为蝌蚪密度为 2 000 只/m³。

三、蝌蚪养殖饲料蛋白含量对体重的影响

蝌蚪是杂食性动物,对植物类饲料(如菠菜叶等)和动物类饲料(牲畜下脚料等)都可以取食,因此,在饲喂中,植物类饲料多一些好还是动物性饲料多一些好,这个问题一直困扰着养殖户。此外,中华大蟾蜍蝌蚪的饲养没有专用饲料,因此,我们用青蛙蝌蚪饲料来进行饲喂,但据养殖户反映,青蛙蝌蚪饲料中蛋白含量标示可能有些虚高,达不到预期的养殖效果。为此,我们开展了相关研究。

1. 不同蛋白含量饲料对蝌蚪体重的影响

为确定蝌蚪饲养过程中采用高蛋白饲料好还是低蛋白饲料好,我们开展了不同蛋白配比饲料的养殖研究。

设置不同密度蝌蚪养殖试验箱(2 500 只/m³、5 000 只/m³、7 500 只/m³),每密度组下设 3 组不同蛋白组成的饲料(蛋白含量为 20%、30%、40%),饲喂 1 个月后称量百只蝌蚪体重。在其他条件相同、饲料蛋白含量不同的情况下,经过 1 个月的饲喂,各组蝌蚪百只体重见表 3-1。

表 3-1 实验组百只蝌蚪体重

密度	20%蛋白饲料 (百只重)	30%蛋白饲料 (百只重)	40%蛋白饲料 (百只重)
2 500 只/m³	28.0 g	33.4 g	46.4 g
5 000 只/m³	16.7 g	20.4 g	22.3 g
7 500 只/m³	13.8 g	17.2 g	22.5 g

通过以上各组的数据发现,不管在何种蝌蚪饲养密度下,都显示出了高蛋白饲料的优越性,即饲料蛋白含量越高,蝌蚪体重越高。在低密度组 40％蛋白饲料喂养下,百只蝌蚪体重达到 46.4 g,是低密度组 20％蛋白饲料饲喂蝌蚪体重的 1.66 倍。因此,我们建议养殖户在饲养蝌蚪时除使用商品饲料外,应适当添加一些动物蛋白饲料,以弥补商品饲料蛋白的不足。

2. 蝌蚪诱食剂影响

在蝌蚪养殖过程中,我们还对可能有诱食效果的诱食剂进行了对比研究,如果能找到合适的诱食剂,则有利于蝌蚪的体重增加,有利于变态上岸幼蟾体重的增加,也有利于提高上岸幼蟾的存活率。

研究方法为选用 15 个 1 m³ 的网箱,选择诱食酵母、甜菜碱、大蒜素 3 种诱食剂,每种诱食剂包含 5 个平行组,在投喂饲料时,拌入各诱食剂,观察诱食效果。

通过 1 个月的观察,酵母、甜菜碱、大蒜素 3 种诱食剂的诱食效果为酵母＞甜菜碱＞大蒜素。因此,酵母作为诱食剂具有较好的诱食效果,可有效增加蝌蚪的取食量,有利于蝌蚪体重的增加。

四、蝌蚪生长分期及其饲喂要求

由于中华大蟾蜍为两栖动物,其幼体生活在水中并逐渐发生体态变化,最终变态发育成蟾蜍,因此,在蝌蚪生长过程中会存在体态的显著变化。伴随着蝌蚪外在特征的变化,其内在脏器也在逐渐转变,饮食习惯会受到较大影响,因此,了解蝌蚪的生长分期,对蝌蚪的专业化养殖非常重要。

1. 蝌蚪分期

蝌蚪共划分为 46 期,分为胚胎发育期(1～25 期),胚后发育期(26～40 期),变态期(41～46 期)。蝌蚪的摄食阶段主要为26～40 期,摄食时间为 15～55 日龄,其中 31～38 期(35～48 日龄)应加强饲喂。

　　1～25 期:为胚胎发育期,对温度敏感,温度变化可导致胚胎畸形。此阶段为内源性营养,不摄食,发育需要 9 天,水温应保持在 19℃以下。1 期以动物极朝上为标志。10～12 期为原肠胚期,未出膜。13～16 期为神经胚期,出膜。17～25 期,出现外鳃,蝌蚪逐渐游动;18、19、20 期以外鳃和尾的发育进行分期。其中,17 期尾芽分化;18 期吸盘分化,尾芽分化,外鳃发育分脊,可以观察到胚胎有肌肉收缩反应;19 期外鳃进一步分化,出现心搏;20 期外鳃丝可见血循环;21、22、23 期外鳃发育完全;21 期尾鳍不透明;22 期尾鳍透明,可见血液循环;23 期外鳃发育完全;23～25 期,鳃盖发育,外鳃消失,体色素形成,口盘唇齿发育。

　　26～40 期是胚后发育期,是能量积累的关键期,此阶段是蝌蚪发育期,需外源性营养。其中,26～30 期枝芽的长/径比判定如下:26 期,$\dfrac{\text{后枝芽长}}{\text{后枝芽直径}} < \dfrac{1}{2}$;27 期,$\dfrac{\text{后枝芽长}}{\text{后枝芽直径}} \geq \dfrac{1}{2}$;28 期,$\dfrac{\text{后枝芽长}}{\text{后枝芽直径}} \geq 1$;29 期,$\dfrac{\text{后枝芽长}}{\text{后枝芽直径}} \geq \dfrac{3}{2}$;30 期,$\dfrac{\text{后枝芽长}}{\text{后枝芽直径}} = 2$。31～37 期,后肢逐渐分化出脚趾:31 期,脚趾为浆型;32 期,体色素稳定;37 期,后肢分化出 5 个脚趾。38 期,后肢出现骨突关节;39 期,后肢出现斑点;40 期,后肢出现结节。40 期后开始剧烈变化,体长减少,尾部吸收,口部分解开裂(29～40 期口唇部发育充分,无变化)。

　　41 期,前肢可见,泄殖腔尾片消失。

　　42～46 期,口部、头部变化,停止摄食,依靠吸收尾部营养。42 期,胃部膨大;46 期,胃部与成体相似,变态完成。

2. 不同生长期的蝌蚪饲料投喂方法

整个蝌蚪发育期(1~46 期,50~60 天)中,需投喂食物的时期为 26~42 期,其中 31~38 期为重点饲喂时段,投喂天数约为 35~40 天,其余发育期间,无须投喂。蝌蚪日摄食饲料量在 4% 体重左右(以 36~37 期为例)。在实际养殖中,每次可投喂 2% 体重饲料,早上和晚上共两次投喂。

五、蝌蚪期体重变化规律

蝌蚪体重可直接体现蝌蚪期间养殖效果,对指示蝌蚪健康状态有重要意义,因此,通过多年辽宁桓仁的实验观察和数据积累,我们绘制了蝌蚪体重变化趋势图(图 3-3)。

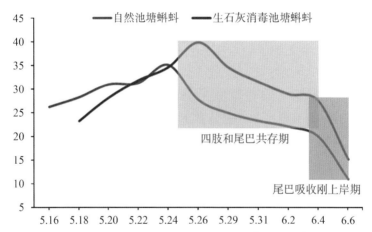

▲ 图 3-3 辽宁省桓仁县野生天然池塘和人工建设池塘养殖蝌蚪的体重变化规律(纵坐标为百只蝌蚪重量,单位为 g;横坐标为具体日期)

从图 3-3 中可以看出,蝌蚪体重在四肢长出前处于最高峰状态,而此时的体重也决定了最终上岸的体重,即此时的体重大则上岸后幼蟾的体重就大。整个蝌蚪生长期内,蝌蚪体重有两次较大的下降:第一次为四肢和尾巴共存期,此时尾巴逐渐被吸收,四肢逐渐发育成熟,体重下降较多;第二次为水陆两栖状态时,尾巴吸收完全,皮肤、四肢逐渐适应陆地,体内脏器和身体器官正在迅速向适应陆地生活调整转化,体重下降较快。

通过数据图可以得出结论为:蝌蚪期应尽可能确保营养饲料的供应和投放(同时要注意不要投放过多以免影响水质);在四肢和尾巴共存期阶段或之前就确保蝌蚪个体体重处于较理想状态(＞400 mg/只);消毒后的人工建设池塘比野生天然池塘的养殖效果要好,人工饲喂培育的蝌蚪体重较高。

第二节

幼蟾(体重≤5g阶段)养殖技术研究

幼蟾(体重≤5 g阶段)是中华大蟾蜍在整个生长过程中最为脆弱的阶段,其自身条件对外界环境提出了非常高的要求。天气、环境、食物、天敌等对幼蟾存活率的影响都非常大,也是导致自然界蟾蜍存活率较低的重要原因(蟾蜍的自然生存策略是高产卵率、高孵化率、低存活率),因此幼蟾阶段是蟾蜍人工养殖极其关键的阶段。

一、幼蟾养殖简介

幼蟾存活率低是制约我国中华大蟾蜍人工养殖产业发展的瓶颈,是我国大部分中华大蟾蜍养殖户养殖失败的主要原因。中华大蟾蜍的幼蟾上岸后体格小,个体体重只有 0.1~0.2 g,远小于青蛙、牛蛙等两栖动物的幼蛙体重。由于体格较小,幼蟾上岸后的口宽较小,目前难以找到合适的饲料进行饲喂,再加上不利的天气因素,如曝晒、暴雨、降温等,大部分幼蟾会在上岸后1个月内死亡。因此,幼蟾的饲料和饲养环境问题需要着重考虑。

幼蟾由于体格小,口宽小,因此需筛选合适的饲料。幼蟾的饲料可以分为昆虫饲料和颗粒饲料,这两者各有优缺点:昆虫活体饲料的营养价值高,适宜幼蟾的生活习性,可直接被摄食,但价格较高;颗粒饲料价格便宜,但适口性差,需借助喂食设备投喂,且需要多代驯化后才能获得较好的取食效果。

由于蟾蜍对静态饲料没有取食反应,因此,人工颗粒饲料需要在振动网上进行饲喂,以吸引幼蟾取食,但实际上幼蟾在上岸初期对振动网上的颗粒饲料适应性较差,直接导致许多幼蟾错过最佳喂食时机,在长期饥饿后死亡。因此,在幼蟾上岸后大约1个月左右,我们建议主要投喂昆虫活饲料,后期逐步提高食物中颗粒饲料的比重,在上岸第2个月完成颗粒饲料的驯化。

二、幼蟾昆虫活体饲料的适口性研究

鉴于昆虫活饲料在幼蟾上岸初期的重要作用,本部分重点对幼蟾上岸初期昆虫活体饲料的优缺点进行讲解,从而选出最适宜的幼蟾开口昆虫活体饲料。

在该项研究中,我们筛选的昆虫活体饲料包括黄粉虫幼虫、黑水虻幼虫、蝇蛆幼虫、蚂蚁、蟋蟀幼虫、蚯蚓幼虫和弹尾虫,所有昆虫均为自行养殖获取(图3-4)。经对比研究,各昆虫活饲料的优缺点如表3-2所示。

▲ 图3-4 各种昆虫养殖现场图

表3-2 不同昆虫活体饲料的幼蟾取食效果对比

昆虫饲料	优　点	缺　点
黄粉虫幼虫（视频链接扫描二维码"视频3-1"）	幼虫期体格较小，适宜幼蟾开口取食；幼蟾消化良好；规模化饲养方便，有规模较大的供应商	遇水容易死，需保持干燥喂食环境
黑水虻幼虫	幼虫体格小，适宜幼蟾开口；规模化饲养方便，有规模较大的供应商	幼虫活动力强，不利于幼蟾取食；成虫有刚毛，不利于蟾蜍消化
蝇蛆幼虫（视频链接扫描二维码"视频3-2"）	幼虫体格小，适宜幼蟾开口。规模化饲养方便，场地自繁方便	规模化饲养技术要求略高；蝇蛆幼虫生长速度较快，长期饲喂幼蟾的适口性较差
蚂蚁	自然界有幼蟾胃中存在蚂蚁残渣，是野生上岸初期幼蟾的主要食物	攻击性较强，造成幼蟾应激反应较重，不利于取食；规模化蚂蚁养殖单位较少
蚯蚓幼虫	饲养方便	体长较长，很难有适合的幼体蚯蚓能满足幼蟾的口宽，不利于幼蟾取食

昆虫饲料	优　　点	缺　　点
蟋蟀幼虫	占地面积小，可规模化饲养	活动能力强，生长速度快，不利于幼蟾取食
弹尾虫	个体小，非常适合幼蟾饲喂，容易引起幼蟾的取食兴趣	规模化饲养难度大，技术要求高，难以满足幼蟾食量的需求

　　从表 3-2 可以看出，目前最适宜的幼蟾开口昆虫活体饲料主要为黄粉虫幼虫。黄粉虫不仅适合幼蟾饲喂，市场上也有规模化的黄粉虫供应商提供充足的供应。如果蟾蜍养殖户自行养殖黄粉虫，成本也较低，养殖技术要求不高，场地要求也不高。如果蟾蜍养殖户决定自行养殖黄粉虫幼虫饲喂幼蟾，需提前准备养殖条件，一般北方地区春节前后就需要准备好种虫，让黄粉虫的孵化、产卵流程开始运行，以便多轮、持续地供应黄粉虫幼虫，因此，在场地中需要相应的温度控制设备，确保种虫的孵化和繁殖。

　　如果蟾蜍养殖户计划由专业的黄粉虫供应商提供黄粉虫幼虫，注意需提前联系好供应商，确保在幼蟾上岸期间有足够的饲料供应。

视频 3-1
幼蟾取食黄粉虫幼虫

视频 3-2
幼蟾取食蝇蛆幼虫

三、幼蟾颗粒饲料的适口性研究

　　幼蟾上岸后 3 周左右，经过昆虫饲料的饲喂，已经基本完成了从水生到陆生的各项身体机能转变，皮肤、消化道等已经完全适应了陆地生活的环境，但对于养殖场来说，随着幼蟾体格的健壮，昆虫饲料的供给持续增多，养殖成本也会大幅增加，如果继续用黄粉虫饲养则养殖收益会大大降低。为降低养殖成本,同时需确保幼蟾的食物供应充足,养殖户可以增加一定比例的人工配方颗粒饲料的使用。

目前市面上的颗粒饲料以青蛙饲喂的颗粒饲料为主,对同样属于两栖动物的蟾蜍具有较好的适用性,但市面上颗粒饲料的粒径大小差异较大。如何根据幼蟾的体格大小来选择合适其取食的颗粒饲料,以满足其较好的适口性? 对此,我们根据长期的观察、测量,制作了不同体格大小蟾蜍对应的口宽及适宜大小颗粒饲料粒径的对应表(表3-3),为养殖户选购饲料型号提供了精确的标准,避免因购买不适合蟾蜍生长阶段的颗粒饲料而导致蟾蜍饲料供应出现问题。

表3-3 不同规格蟾蜍对应最佳颗粒饲料粒径

蟾蜍规格/g	平均口宽/mm	最适饲料直径规格/φ
0.4~0.6	5.57	0.8 mm
0.6~1.0	6.54	0.8 mm、1.0 mm
1.0~2.0	7.74	0.8 mm、1.0 mm
2.0~4.0	9.79	0.8 mm、1.0 mm、0#
4.0~7.0	12.13	0.8 mm、1.0 mm、0#
7.0~10.0	13.99	1.0 mm、0#
10.0~15.0	17.65	1.0 mm、0#、1#
15.0~20.0	20.55	0#、1#
20.0~25.0	20.64	0#、1#、2#
25.0~30.0	24.28	1#、2#
30.0~40.0	24	1#、2#

根据表3-3显示的数据,养殖户可根据不同阶段的蟾蜍规格

选择不同大小的颗粒饲料,这样既能保证蟾蜍适口性好、收获较好的喂食效果,又能避免购买不适宜的颗粒饲料产生浪费。蟾蜍在振动喂食器上取食饲料视频请扫描"视频3-3"二维码。

视频3-3
蟾蜍在振动
喂食器上取
食饲料

四、蟾蜍饲喂投料节律研究

摄食节律是动物不同时间内摄食强度变化的规律,是动物在长期进化过程中对光周期、温度、饲料丰度等周期性变化主动适应的结果。科学投喂模式的建立要以养殖动物自身的摄食节律为基础。中华大蟾蜍的摄食节律研究有利于调整养殖蟾蜍投喂时间和投喂量,减少饲料浪费,提高饲料利用率。作者团队通过对中华大蟾蜍幼蟾在不同投喂频率下的摄食情况观察,掌握了其摄食节律,为中华大蟾蜍幼蟾养殖中最佳投喂模式的确定提供了科学依据。

(一)实验设计

实验在塑料养殖盒中进行,每个塑料养殖盒的长×宽×高为70 cm×40 cm×20 cm,将养殖箱倾斜放于地面,箱底与地面成15°夹角,养殖箱内注入曝气自来水,水面占箱底面积的1/3,水深5 cm。在水中铺设空心莲子草和瓦片,便于幼蟾栖息隐蔽。实验期间,每天更换一次水体,每次更换水体的1/2左右。水温维持在23.2～24.1℃,环境湿度保持在60%～80%,氨氮浓度低于0.1 mg/L,pH7.0～7.6。实验在白天12 h、夜晚12 h的自然光周期下进行。塑料养殖箱放置于光照良好、通风和安静的室内实验室中。

实验所用幼蟾为采集于山东微山县的中华大蟾蜍蝌蚪经人工饲养变态得到的个体。实验前一周选取规格较一致,体重为0.6～1.0 g的健康幼蟾,按每个养殖箱10只幼蟾随机分到养殖箱中,在相同环境饲养驯化一周后,开始实验。

实验设计了每日不同时间点 8 次投喂(组 1)和每日不同时间点 1 次投喂(组 2)两个组别,组 1 是每天分别在 2:00、5:00、8:00、11:00、14:00、17:00、20:00、23:00 这 8 个时间点对实验幼蟾定量投喂适口的黄粉虫,2.5 h 后收集残饲称重,每个养殖箱每天投喂 8 次,设 3 个重复组,共 3 个养殖箱;组 2 是在与组 1 相同的 8 个时间点对实验幼蟾投喂适口的黄粉虫,2.5 h 后收集残饲称重,每个养殖箱每天投喂 1 次,设 3 个重复组,每个重复组设 8 个养殖箱,共 24 个养殖箱。实验开始前停食 1 天并称量每个重复组幼蟾的初始总体重,每次投喂每重复组幼蟾总体重 10% 的黄粉虫。实验连续进行 7 天,实验结束后停食 1 天并称取每个重复组幼蟾终末总体重。取后 5 天数据统计分析。

(二) 实验结果

1. 日投喂 8 次条件下的摄食节律

摄食率是指摄食的饲料占其体重的百分比,在生产中,通常使用摄食率来衡量动物的摄食情况。实验过程中,幼蟾的活动正常,没有死亡发生。如图 3-5 所示,一日 8 次组幼蟾全天在不同时段均有摄食,并且在一天的摄食中呈现出明显的节律性。日投喂 8 次条件下的摄食节律实验结果表明,一日 8 次投喂频率时,早上 8:00 时段的摄食率比其他各时段的摄食率高,与 17:00、20:00 时段外的其他时段有显著差异性($P<0.05$),下午 17:00 时段摄食率比早上 8:00 时段以外的其他组高,且与各时段的差异都不显著($P>0.05$),幼蟾在 8:00 和 17:00 出现摄食高峰,其余时间段摄食量较少;经多重比较发现,幼蟾在夜晚投喂时段摄食率之和与白天投喂时段摄食率之和相比明显较高。日投喂 8 次条件下,中华大蟾蜍幼蟾的单次摄食率范围为 0.65% ~ 5.75%,日平均摄食率为 15.22%±0.56%。研究结果表明,在饲料丰盈时,中华大蟾蜍幼蟾的摄食强度还是相当高的,并且趋向于早晨和傍晚摄食,这与其自然状况下的生活习性是密不可分的,属于比较典型的晨昏摄食型。

2. 日投喂 1 次条件下的摄食节律

图 3-5 所示一日 1 次组中,中华大蟾蜍幼蟾在一天中的不同时间点均有摄食活动,凌晨 2:00 和晚上 23:00 投喂时段摄食率比其他组摄食率低,与 5:00、8:00、11:00、17:00 时间段有显著差异($P < 0.05$),早上 8:00 时段摄食率比晚上 20:00 摄食率高,但差异不显著($P > 0.05$),幼蟾在 5:00、8:00、17:00 出现摄食高峰,其他时间点摄食率较低,在凌晨 2:00 摄食率最低。日摄食率范围为 3.24%~8.83%,日平均摄食率为 6.09%±0.26%,其值与一日 8 次投喂频率时的日平均摄食率相比较低。研究结果说明,饲料丰富程度对中华大蟾蜍幼蟾的摄食节律产生了影响,同时肠胃容量、肠胃排空时间、肠胃消化率等因素能对幼蟾摄食量产生影响。

3. 两种投喂策略下同一时段的摄食率比较

如图 3-5 所示,一日 1 次投喂频率时每一时段的摄食率与一日 8 次投喂频率条件下同一时段的摄食率相比明显都较高,经过 t 检验后,结果表明两种不同投喂策略下相同时段的摄食率差异都

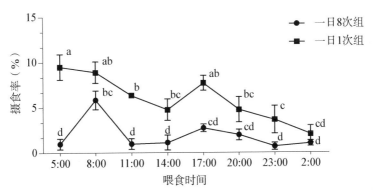

▲ 图 3-5 不同投喂条件下中华大蟾蜍幼蟾的摄食节律

极显著($P<0.01$)，摄食率能够反映出幼蟾的摄食情况，说明中华大蟾蜍幼蟾的摄食受饲料丰度和肠胃容量双重因素的驱动。

（三）中华大蟾蜍幼蟾的摄食节律结果分析

本研究采用日摄食率法探讨了中华大蟾蜍幼蟾在一日 1 次投喂频率和一日 8 次投喂频率下的摄食节律。结果表明，幼蟾全天不同时段都有摄食，并且在一天的摄食中表现出明显的节律性。摄食主要集中在早上 5：00～8：00 以及下午 17：00 左右。而在 11：00～14：00 和 23：00～2：00，摄食处于低迷状态。根据实验结果，中华大蟾蜍幼蟾的摄食节律属于晨昏摄食型。

在相同的摄食时间，一日 1 次组的单次摄食率都显著高于一日 8 次组的单次摄食率，而一日 8 次组的日摄食率显著高于一日 1 次组的日摄食率，但是总的趋势仍然呈现出晨昏摄食型的规律。

根据本研究结果，幼蟾在早晨和黄昏时段摄食率要显著高于其他时段，因此每天可以分别在早晨和傍晚对幼蟾进行两次投喂，投喂频率为一天两次。

五、蟾蜍饲喂中的其他影响因素

1. 饲料振动喂食机

饲料振动喂食机的主要作用是保持颗粒饲料的振动，以便蟾蜍对食物可见，从而进行取食。振动器的原理基本都是通过振动设备带动饲料台面振动，从而带动颗粒饲料的振动。尽管原理简单，但要做到使蟾蜍接受振动饲料，尤其是在幼蟾阶段，需要对振动器本身、振动台面、振动大小、频率等进行仔细的对比研究，从而优选出具有较好效果的饲料振动器，使幼蟾有较好的适应性。

我们制作了垂直和水平运动、不同大小、不同种类振源的多种喂食机，如转盘式喂食机、直线式喂食机、往复式喂食机、振动式喂食机等(图3-6)。各振动喂食机也从振动器筛选、绷网材料和松紧度、振动效果加强和均匀化等不同角度分别进行了大量的改进。经比较发现,转盘喂食机在高密度的养殖池中安装不便,易损坏,需要数量大,有效喂食面积小,饲料极易洒落,虽成批设置应用但喂食效果仍然差;直线式喂食机面积小,饲料极易洒落,喂食效果差;多种组合网框加普通振动器、定制木网框加普通振动器、定制木网框加金属条和普通振动器试用均表现出振动幅度相对过大,上岸初期的幼蟾无法有效进食。

外加振动带振动喂食机

铁丝网振动

直线单向喂食机

旋转式喂食机

直线往复式喂食机

S线路喂食机

回形喂食机

金属框架喂食机

▲ 图3-6　各种振动喂食机制作实验

　　经反复比较和试用,目前主要使用并且比较成熟的振动喂食器(已申请专利)如图3-7所示。

▲ 图 3-7　标准化幼蟾颗粒饲料振动喂食器

2. 饲料投喂量

蟾蜍的摄食受温度、季节、生长阶段的影响。投喂量能显著影响养殖蟾蜍的生长,需要根据蟾蜍的最大生长率和最低饲料系数来综合评定最适投喂量,因此,养殖蟾蜍各阶段的最适投喂量需要进一步的研究探讨。蟾蜍饲养期间,饲料投喂量一方面涉及能否满足蟾蜍的营养需求,另一方面要考虑节约饲料、降低养殖成本。我们通过观察饲料的投喂、剩余数量,获得了幼蟾(0～5 g)期间的饲料投喂体重比。

在昆虫饲料投喂量方面,根据养殖经验,每天对幼蟾投喂其体重 10% 的黄粉虫即可获得较好的养殖效果,幼蟾对黄粉虫的消化较好,而按 15% 投喂时,幼蟾粪便中存在较多未完全消化的黄粉虫,因此每天早晚各投喂 1 次,每次的投喂量应在幼蟾总体重的 5% 左右。

在人工颗粒饲料投喂量方面,我们在室内建造了两个幼蟾生态养殖试验箱。按 500 只/m^2 投放幼蟾,最小体重 0.20 g。设置振动器每日振动 10 次,每次 1 小时,自动运行,人工投喂各种粉状颗粒饲料。投喂量由幼蟾总体重的 2% 提高到 6%,发现每日投喂 5% 左右时基本可以全部进食,也就是说幼蟾阶段颗粒饲料的投喂以 5％体重比投喂即可。

六、蟾蜍体重增长规律

蟾蜍从蝌蚪变态上岸后，从幼蟾阶段(0～5 g)到亚成体阶段(5～50 g)再到成蟾阶段(50 g以上)，随着体重的增长，饲料的投喂和营养的配给都要有所变化和调整，因此，了解蟾蜍全生长期的体重变化规律十分重要。

经过多年的观测和数据积累，我们在不同地区绘制了多条蟾蜍体重增长曲线，为深入研究蟾蜍的生长发育和营养需求提供了重要的理论依据。

1. 山东省微山县蟾蜍上岸后的体重变化规律

基地团队在山东省微山县人工养殖蟾蜍的体重变化规律如图 3-8 所示。

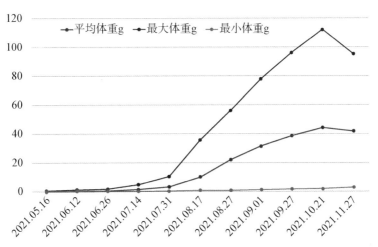

▲ 图 3-8　山东省微山县人工养殖蟾蜍生长体重监控图

(横坐标为养殖时间点，纵坐标为体重/g)

2. 辽宁省桓仁县的蟾蜍上岸后体重变化规律

基地团队在辽宁省桓仁县人工养殖蟾蜍体重变化规律如图 3-9 所示。

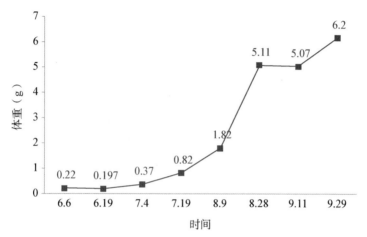

▲ 图 3-9　辽宁省桓仁县人工养殖蟾蜍生长体重监控图

（横坐标为养殖时间点、纵坐标为体重/g）

3. 体重变化规律总结

从图 3-8 及图 3-9 所示的两个地区第一年人工养殖的中华大蟾蜍体重变化曲线中可以看出：

（1）变态后的蟾蜍在当年的体重增长基本符合 Logistic 生长模型，即当年就近乎完整地表现出"慢-快-慢"的 S 型生长规律。经历适应开口稳定期、快速增长期、稳定增长期这 3 个阶段，而每一阶段的生长速度是不一样的。

（2）幼蟾上岸后第 1～2 月，生长变化速度较缓慢，蟾蜍的环境适应能力弱，存活率较低。养殖要点主要在于保证良好的养殖环境，促进蟾蜍开口进食，保证其稳定存活。

中华大蟾蜍养殖模式与技术·

（3）幼蟾上岸后第 3～4 月，为对数增长期，是生长拐点，表现为蟾蜍存活稳定，体重增长速度加快。养殖要点主要在于饲喂管理，应快速育肥，通过增重提高蟾蜍产量和蟾酥含量。

（4）环境温度降低，蟾蜍进食减少，体重增长速度又趋缓慢。低于 10℃时，逐渐进入冬眠阶段，体重开始下降。

4. 启示

在山东省进行养殖，每年 5～6 月份是决定幼蟾生与死的关键时期，也是完成从喂食昆虫活体饲料向驯食颗粒饲料过渡的关键时期，需重视该阶段的环境控制、饲料供给等环节，确保幼蟾上岸后稳定生存。7～8 月份进入养殖体重快速增长阶段，此阶段应注重饲料的及时投喂，确保蟾蜍饲料投喂量和营养足够；同时要特别注意蟾蜍养殖密度、疾病预防和治疗以及极端高温或暴雨天气的应对。9 月份产生当年最终养殖结果。可以说，5～6 月份的养殖效果是 7～8 月份养殖的基础，7～8 月份的养殖效果决定了当年产量。山东省 5 月份的人工养殖幼蟾视频扫描二维码"视频 3-4"。

视频 3-4
山东地区 5
月的人工养
殖幼蟾

第三节

成蟾养殖技术研究

中华大蟾蜍体重长到 50 g 以上后，其情况基本稳定，健康状况通常比较良好，从养殖过程来讲，该阶段的中华大蟾蜍是最好养殖的阶段。根据成蟾阶段（包括亚成体）的生长特点，我们进行了野外诱虫、越冬方式等方面的研究。

一、成蟾饲养研究简介

中华大蟾蜍在成体阶段基本位于各养殖地区的秋季,气温开始由最高点回落,有的蟾蜍可取浆制作蟾酥,有的蟾蜍可继续饲养留作种蟾。在此阶段,我们仍应注意饲料的投喂,因为经过7、8月份的体重高速增长,蟾蜍虽然体型变大,但其营养需求是否已经满足还没有明确,我们通过对混合昆虫饲料的投喂(避免单一饲料营养成分不足)、诱虫灯补充不同昆虫饲料等方式研究,确定了一些对蟾蜍生长有益的饲喂方式。

二、天然昆虫饲料引诱喂食研究

为节约成本,养殖户养殖成蟾时只投喂人工配方颗粒饲料,但就蟾蜍本身的习性来讲,其身体生长还是对天然昆虫饲料更为适应,因此,我们提倡在成蟾阶段给予部分昆虫饲料进行补充,以增加成蟾期的食物种类,增加营养来源,为蟾蜍顺利越冬提供营养和能量储备。

1. 最佳诱虫灯组合

很多昆虫都有趋光性,诱虫灯技术一般多用于农业杀虫或养殖业(如养鸡、养鱼)上少量辅助,之前尚无在蟾蜍养殖上的应用。需要深入的研究点也比较多,如诱虫灯的选择、吸引效果的评价等。

我们首先对LED灯、日光灯和黑光灯进行了诱虫效果比较,最终发现黑光灯的诱虫效果为最佳。通过对3种灯光的波长对比发现,黑光灯的灯光波长正是对大部分昆虫最有吸引力的波长。随后,我们又对黑光灯吸引过来的昆虫如何富集落地进行了探索,因为蟾蜍只能吃落在地上的昆虫,而很少能吃到在空中飞的昆虫。我们在黑光灯下加上一层无纺布,增加了黑光灯光线的反射,因此昆虫富集效果极佳(不同实验装置和效果见图3-10)。同时,为更多地吸引昆虫,我们在较低的黑光灯之上再架设一个高压汞灯,在较大范围内吸引周边昆虫,然后通过较低的黑光灯进行落地富集(诱虫灯组合见图3-10,该诱虫灯具组合已申请专利,专利号为ZL201721800261.7)。通过这样一个灯具的组合,我们基本可以解决蟾蜍饲料单一的问题,为蟾蜍提供一个较好的饲料多样性环境。

LED灯　日光灯

黑光灯不加反光布　黑光灯加反光布

诱虫灯组合

▲ 图3-10　不同诱虫灯诱虫效果和最佳诱虫灯组合

该诱虫装置安装好后,可自动诱集大量活昆虫作为蟾蜍养殖的饲料,具有投入成本低、使用寿命长等优点。诱虫装置在实际中华大蟾蜍养殖中已经应用,并取得了良好效果。此外,该诱虫灯组合还能有助于养殖的蟾蜍养成定时、定点进食的习惯,便于养殖管理和回捕取浆。

2. 昆虫种类、特点和蟾蜍取食的适应性

不同地区需对诱虫灯的诱虫种类和数量进行评估,如果吸引的昆虫是蟾蜍容易取食和消化的最好,如果是引诱的昆虫蟾蜍较难取食,或者容易导致胃肠道疾病则需要关停诱虫灯,以人工颗粒饲料为主饲喂,待适宜的昆虫出现后再开启诱虫灯吸引昆虫。

我们对辽宁省桓仁县的昆虫种类、出现的主要时间以及数量进行了统计(表3-4)。

表3-4　桓仁县昆虫种类及特点

种类	发生盛期	高发天数
蜉蝣目蜉蝣	7月1日至8月18日	49天
鞘翅目金龟子	7月10日至7月24日	15天
毛翅目石蛾	7月18日至8月31日	44天
鳞翅目蛾类	7月24日至8月22日	30天
摇蚊科摇蚊	8月15日至8月25日	11天

在上述研究观察期间,我们共计诱集到7目29科96种以上昆虫,主要以鳞翅目、鞘翅目、蜉蝣目、毛翅目、同翅目昆虫为主。各类型昆虫主要特点如下:

(1) 蜉蝣目昆虫特点是发生盛期最早、持续时间最长(约50天),个体偏小,种类少且不易鉴定,发生数量大,河流附近高发,亚成体和成蟾均可顺利捕食。

(2) 鞘翅目昆虫特点是发生盛期早,持续时间短(约半个月),种类以铜绿丽金龟为主,在农田果园附近高发,成蟾捕食率高,小蟾蜍无法捕食。

(3) 毛翅目昆虫特点是发生盛期在7月下旬开始,持续时间长(约一个半月),个体小,发生数量大,种类不易鉴定,河流附近高发,适宜成蟾捕食。

(4) 鳞翅目昆虫特点是种类极多,总体数量多,但没有某一种在数量上特别多,昆虫个体偏大,幼蟾或部分小个体的亚成体蟾蜍无法捕食,发生盛期时间在7月下旬至8月中旬,发生盛期维持时间在1个月左右。

（5）摇蚊科昆虫特点是个体最小,小个体蟾蜍易捕食,发生数量大,种类不易鉴定,池塘附近高发。

各地区各种自然环境类型下的昆虫种类和特点都不尽相同,其他地区在投入使用前可参照本法观测本地虫情,结合本地实情合理开展应用。

3. 诱虫效果评价

由于不同地区气候和环境的差异,最佳诱虫灯组合在各地的效果需要评价。同时,由于不同季节的影响,各类昆虫出现的时间也不同,因此,诱虫的效果也需要评价。

我们开发了一种简易的评价诱虫数量和分析昆虫种类的方法（图3-11）,该方法用诱虫灯诱虫,同时,在诱虫灯下方放置水箱。昆虫通过灯光吸引落入水中,次日,将水沥干,称重昆虫重量并对昆虫种类进行鉴别分析。该方法对养殖户评价何时启用或关停诱虫灯具有很好的指导意义,也就是说,它可以指导农户于几月份开启诱虫灯进行每日诱虫,同时可以指导夜间几点开灯、几点关灯,以便最有效地获取昆虫、降低用电量,最后指导农户几月份关停诱

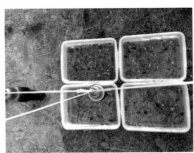

▲ 图3-11　诱虫效果评价方法

虫灯,因为此时诱虫数量已经较少,蟾蜍的营养储备已经达到顶峰。

三、越冬方式研究

随着成蟾的不断长大,养殖也进入越冬前的准备工作。我们都知道蟾蜍自然情况下要越冬,却对其越冬的最佳条件无从知晓,也无现成的研究资料供参考。蟾蜍的越冬在养殖过程中具有重要意义,它是种蟾顺利存活的条件,是来年优质卵带和蝌蚪繁育的基础。

为了研究蟾蜍最佳的越冬方法,确保较高的越冬存活率,我们开展了多种越冬方式的考察研究,如室内木盒越冬、水下越冬、室外大田越冬、水下越冬等,最终通过存活率的比较发现(表3-5),在室外池塘下的越冬条件为蟾蜍越冬的最佳条件。

表3-5　中华大蟾蜍不同越冬方式下的存活率比较

越冬方式	越冬投入数量/只	存活数量/只	存活率/%
室内木盒越冬	240	115	47.9
室内水下越冬	63	27	42.85
室外旱地越冬	2 260	404	17.88
室外木箱越冬	500	124	24.8
室外水下越冬	120	101	84.2
地下网兜越冬	100	36	36.0

室外水下越冬,是指在室外池塘中,保证冬季最冷状态时冰层下仍有1 m左右的水体,同时要保证冰层下的水有活水源,如果不能保证地下活水,则需在冰层保留通气孔,防止水下蟾蜍缺氧。

室外水下越冬的方法在辽宁、吉林和山东三省区都已经过多家养殖户试验,生存率在 $85\% \sim 90\%$,具有较好的越冬效果。在东北有条件的地区也可开展地窖越冬。

四、不同昆虫饲料组合对蟾蜍生长的影响

中华大蟾蜍在人工饲养过程中,通常饲喂单一的饲料,如某一昆虫饲料,某一品牌的颗粒饲料。这些饲料通常含有的营养物质比例较为固定,通常不能全部覆盖不同成长期蟾蜍对营养的需求。

为了对比单一昆虫饲料和混合昆虫饲料对成蟾生长的影响,我们建立了两个实验观察组,每组 30 只蟾蜍,蟾蜍个体体重在 50 g 左右,一组只投喂黄粉虫饲料,一组投喂黄粉虫和黑水虻($1:1$)混合昆虫饲料,30 天后比较两组蟾蜍的体重增长情况。

实验结果显示,混合昆虫饲喂组的蟾蜍体重增长率为 16.7%,黄粉虫组蟾蜍的体重增长率为 10.9%,说明丰富的食物种类更有利于蟾蜍的生长。

第四节

蟾酥全产业链质量控制研究

中华大蟾蜍的主要经济价值主要在于制取的蟾酥药材,而蟾酥药材质量的高低直接与临床疗效和安全性有关,也直接与其收购价格相关联,因此,保证人工养殖的中华大蟾蜍产出蟾酥的质量非常重要。为此,面临两个问题:一是如何对蟾酥品质进行更科学合理的评价;二是如何对蟾酥药材进行从基原到养殖、加工全过程质量控制。蟾酥药材的生产全过程包括中华大蟾蜍的养殖、蟾酥鲜浆的采集和加工,以及最终蟾酥产品的检验、包装和贮存,自2014 年至今,在探索养殖技术的同时,如何建立蟾酥全产业链的

技术规范和技术标准,也是上海和黄药业蟾酥基地团队的重要任务。

一、蟾酥药材质量评价方法研究

指纹图谱与多成分定量相结合的质量控制方法,是现代中药质量控制的发展趋势和可行路径,这是基于中药化学成分复杂的特点提出并发展起来的。中药发挥功效和治疗作用,是其所含的多个化学成分整体协同作用的结果,因此,对其物质基础的反映,不能仅从一两个成分进行说明,需要在整体上进行阐述。中药指纹图谱(或特征指纹图谱)是对中药所含成分(或特征成分)的全面表征,是对中药中所含成分信息的整体反映。中药材或中药复方制剂均含有多个功效成分或特征成分,必须达到一定的含量才能保证药效或品种质量,因此需要对其主要活性成分或指标性成分进行定量。因此,指纹图谱结合多成分定量的质量控制方法,既控制了中药的整体特征,也控制了多个药效或指标性成分的定量。制订指纹图谱的相似度和定量成分的含量范围,可以更好地保障中药材或中成药批次的质量稳定。

蟾酥药材中包含有的脂溶性成分蟾蜍甾二烯类化合物以及水溶性成分吲哚类生物碱,都是蟾酥的主要活性物质。为控制蟾酥药材整体的质量,我们建立了蟾蜍甾二烯类成分的指纹图谱,同时建立了吲哚类生物碱成分的含量测定方法。用于监测人工养殖中华大蟾蜍所产蟾酥的质量。

(一)建立蟾酥药材中蟾毒配基类成分指纹图谱及5种蟾蜍甾烯类成分含量测定方法

1. 样品制备方法和高效液相色谱条件的确定

经过大量的实验探索,我们确定了蟾酥样品的制备方法和高效液相色谱条件。

样品制备方法为:取蟾酥细粉 0.2 g,精密称定,精密加入甲醇 20 ml,称定重量,超声 30 min,放冷,甲醇补足失重,摇匀,取上清液过 0.45 μm 滤膜,取续滤液,即得。

高效液相色谱条件为:Agilent SB - C18 色谱柱;以乙腈-0.5%甲酸水流动相;梯度洗脱;检测波长 296 nm;柱温 25℃;流速 0.8 ml/min;分析时间 60 min;进样量 10 μl。

2. 指纹图谱方法学考察

(1)精密度:精密吸取同一供试品溶液,在上述色谱条件下连续进样分析 6 次,测定保留时间及峰面积。精密度考察结果表明,10 个共有峰面积的相对保留时间 RSD 小于 0.10%,相对峰面积 RSD 小于 0.33%,说明该方法精密度良好。

(2)重复性:取同一批蟾酥药材粉末 6 份,按供试品溶液制备方法操作,在上述色谱条件下连续进样分析 6 次,测定保留时间及峰面积。重复性考察结果表明,10 个共有峰面积的相对保留时间 RSD 小于 0.05%,相对峰面积 RSD 小于 0.25%,说明该方法重复性良好。

(3)稳定性:精密吸取同一供试品溶液,分别于 0、4 h、8 h、12 h、24 h、48 h 进样分析,测定保留时间及峰面积。稳定性考察结果表明,10 个共有峰面积的相对保留时间 RSD 小于 0.09%,相对峰面积 RSD 小于 2.11%,说明该方法稳定性良好。72 h 内不同时间进样所得的色谱图相似度等于 1.000,稳定性符合要求。

(4)中间精密度:为考察随机变动因素对精密度的影响,按照拟定的方法,由不同的分析人员在不同的日期、不同仪器设备上对 3 批样品进行含量测定,结果(见表 3 - 6)一致,说明方法的中间精密度良好。

表3-6 中间精密度试验结果

批号	151001		151003		151101	
	A	B	A	B	A	B
相似度计算结果	0.987	0.987	0.993	0.993	0.931	0.930

3. 结果

综上所述,指纹图谱方法学考察结果表明,所建立的指纹图谱分析方法具有良好的精密度、重现性、稳定性,符合指纹图谱技术要求,已获专利授权,专利号为 ZL201410198657.3。

对照指纹图谱的建立:根据45批次蟾酥药材的分析,指定了蟾酥指纹图谱中的9个共有峰,建立了对照指纹图谱。要求蟾酥药材指纹图谱相似度不低于0.90。蟾酥药材对照指纹图谱见图3-12。

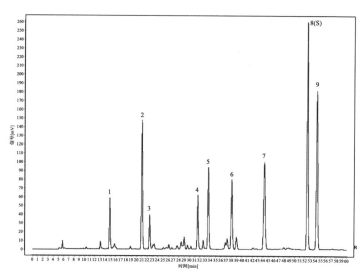

▲ 图3-12 蟾酥药材对照指纹图谱(共有9个指纹图谱共有峰,其中1号色谱峰为日蟾毒它灵,5号色谱峰为蟾毒它灵,7号色谱峰为蟾毒灵,8号色谱峰为华蟾酥毒基(参照峰),9号色谱峰为脂蟾毒配基)

（二）蟾酥药材中日蟾毒它灵、蟾毒它灵、蟾毒灵、华蟾酥毒基和脂蟾毒配基 5 种成分含量测定方法的建立

1. 样品制备方法和高效液相色谱条件的确定

由于上述建立的蟾酥药材指纹图谱方法对日蟾毒它灵、蟾毒它灵、蟾毒灵、华蟾酥毒基和脂蟾毒配基 5 种成分具有很好的分离效果，因此，含量测定方法的条件依据指纹图谱的样品制备方法和高效液相色谱条件即可。

2. 方法学考察

（1）精密度：精密吸取同一供试品溶液，在指纹图谱色谱条件下连续进样分析 6 次，测定峰面积。精密度考察结果表明，5 个化合物的峰面积 RSD 小于 1.23％，说明该方法精密度良好。

（2）重复性：取同一批蟾酥药材粉末 6 份，按供试品溶液制备方法操作，在指纹图谱色谱条件下连续进样分析 6 次，测定峰面积。重复性考察结果表明，5 个化合物的峰面积 RSD 小于 1.37％，说明该方法重复性良好。

（3）稳定性：精密吸取同一供试品溶液，分别于 0、4 h、8 h、12 h、24 h、48 h 进样分析，测定峰面积。稳定性考察结果表明，5 个化合物峰面积 RSD 小于 1.19％，说明该方法稳定性良好。

（4）线性关系：精密称取上述对照品适量，加甲醇溶解并定容至刻度，制备成不同质量浓度的混合对照品溶液，分别精密吸取混合对照品溶液 $1\,\mu l$、$2\,\mu l$、$4\,\mu l$、$8\,\mu l$、$10\,\mu l$、$15\,\mu l$、$20\,\mu l$ 进样。结果表明，上述 5 个成分在标准曲线的线性范围内均呈良好的线性。以色谱峰面积为纵坐标（Y），化合物质量为横坐标（X），线性回归方程及线性范围见表 3－7。

表3-7　五种蟾蜍甾烯类成分的回归方程和线性范围

化合物	标准曲线	R^2	线性范围(μg)
日蟾毒它灵	y＝1043.37138x＋1.83721	0.99997	0.1512～2.268
蟾毒它灵	y＝935.33289x＋0.79227	0.99998	0.2256～4.512
蟾毒灵	y＝906.24093x－4.23961	0.99996	0.1716～3.432
华蟾酥毒基	y＝962.75863－3.08164	0.99997	0.46～9.2
脂蟾毒配基	y＝902.00602x－4.37198	0.99997	0.3944～7.888

回收率试验：精密称取6份已知浓度的蟾酥样品适量，分别准确加入一定量的上述5种对照品，用供试品制备方法处理后，按照指纹图谱色谱条件测定，结果回收率范围在95.88％～100.84％，符合要求。

3. 结果

基于建立的指纹图谱分析方法，可同时测定蟾酥药材中日蟾毒它灵、蟾毒它灵、蟾毒灵、华蟾酥毒基、脂蟾毒配基5种主要蟾蜍甾烯类成分的含量，以一次样品制备、一次进样分析，同时完成定性和定量分析。

5种甾二烯类成分含量测定标准的建立：根据多批次蟾酥药材的分析，最终确定人工养殖中华大蟾蜍所产蟾酥药材标准为含日蟾毒它灵、蟾毒它灵、蟾毒灵、华蟾酥毒基和脂蟾毒配基5种成分总含量不低于9％。

（三）建立蟾酥中吲哚类生物碱的含量测定方法

1. 样品制备方法和高效液相色谱条件的确定

经过大量的实验探索，已确定吲哚类生物碱含量测定液相色谱条件为：Alltima C18色谱柱；以乙腈-0.5％磷酸二氢钾（用磷酸调节 pH 为 3.2)(5∶95)为流动相;检测波长 275 nm;柱温 25℃;流速 0.7 ml/min;进样量 10 μl。

确定样品制备方法为:取蟾酥细粉 0.1 g,精密称定,置具塞锥形瓶中,精密加入 50％乙醇 20 ml,称定重量,超声处理 20 min,放冷,再称定重量,用 50％乙醇补足失重,摇匀。提取液离心 20 min(4 000 转/分),精密吸取上清液 3 ml 置蒸发皿中蒸干,加入 20％乙醇使溶解,定容至 10 ml,过 0.45 μm 滤膜,即得。

2. 方法学考察

(1) 精密度:精密吸取同一供试品溶液,在上述色谱条件下连续进样分析 6 次,测定峰面积。精密度考察结果表明,5-羟色胺和蟾毒色胺两个化合物的峰面积 RSD 小于 0.64％,说明该方法精密度良好。

(2) 重复性:取同一批蟾酥药材粉末 6 份,按供试品溶液制备方法操作,在上述色谱条件下连续进样分析 6 次,测定峰面积。重复性考察结果表明,两个化合物的峰面积 RSD 小于 2.16％,说明该方法重复性良好。

(3) 稳定性:精密吸取同一供试品溶液,分别于 0、4 h、8 h、12 h、24 h、48 h 进样分析,测定峰面积。稳定性考察结果表明,两个化合物峰面积 RSD 小于 1.19％,说明该方法稳定性良好。

(4) 线性关系考察:精密称取 5-羟色胺、蟾毒色胺对照品适量,加 20％乙醇溶解并用 25 ml 容量瓶定容至刻度,制备成不同质量浓度的对照品溶液,分别精密吸取混合对照品溶液 1 μl、2 μl、4 μl、8 μl、10 μl、15 μl、20 μl 进样。结果表明上述两种化合物在标准曲线的线性范围内均呈良好的线性。以色谱峰面积为纵坐标(Y),化合物质量为横坐标(X),线性回归方程及线性范围见表 3-8。

表3-8　两种吲哚类生物碱回归方程及线性范围

化合物	标准曲线	R^2	线性范围(μg)
5-羟色胺	$y = 1\,928.177\,0x - 8.586\,0$	1.000 0	0.12~1.8
蟾毒色胺	$y = 1\,586.950\,9x - 5.530\,6$	0.999 7	0.014 4~0.216

回收率试验:精密称取 6 份已知浓度的蟾酥样品适量,分别准确加入一定量的 5-羟色胺、蟾毒色胺对照品,用供试品的制备方法处理后,按照上述色谱条件测定回收率范围在 99.85% ～ 104.27%,符合要求。

3. 结果

本方法可以有效测定蟾酥中水溶性吲哚类生物碱的含量,为全面控制蟾酥药材的质量提供了依据。该方法已获专利授权,专利号为 ZL201410307184.6。色谱图见图 3-13。

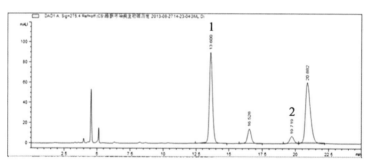

▲ 图3-13　蟾酥吲哚类生物碱成分含量测定图谱(1:5-羟色胺; 2:蟾毒色胺)

吲哚类生物碱成分含量测定标准的建立:根据多批次蟾酥药材的分析,确定人工养殖中华大蟾蜍所产蟾酥药材含 5-羟色胺不得少于 6.0%。

（四）蟾酥质量标准及限度的制订

除了按照 2020 年版《中国药典》一部中蟾酥药材规定的性状、鉴别和检查外，根据建立的蟾酥药材主要成分含量检测方法和多批次蟾酥药材数据积累，制订人工养殖中华大蟾蜍所产蟾酥药材含量测定标准为：蟾酥药材含日蟾毒它灵、蟾毒它灵、蟾毒灵、华蟾酥毒基和脂蟾毒配基的总量不得少于 9.0%；含 5-羟色胺不得少于 6.0%。指纹图谱标准为：和对照指纹图谱相比，相似度不得低于 0.9。

二、我国不同产地蟾酥质量评价和中华大蟾蜍资源分布特征

种质资源状况和养殖场地的地理气候条件是影响中华大蟾蜍人工养殖及其所产蟾酥药材质量的主要因素。开展中华大蟾蜍养殖，首先要检测当地野生中华大蟾蜍所产蟾酥的质量，如蟾酥指标性成分含量不符合 2020 年版《中国药典》的规定，当地应该不属于适宜养殖地区。因此，提前摸清我国蟾酥药材品质和中华大蟾蜍资源地理分布的关系，对指导养殖户开展中华大蟾蜍人工养殖非常重要。

尽管我国目前已有少量蟾酥药材和产地的研究资料，但既往研究结果主要存在以下几方面的问题：一是蟾酥药材来源不明，大部分研究采用了从不同中间商采购的药材进行分析，因此蟾酥药材的产地无法溯源，蟾酥鲜浆加工中是否混入了其他产地的蟾酥鲜浆也无法确定，可能会导致分析结果偏差；二是已有研究只针对蟾酥中有代表性的几个指标性成分含量或峰面积进行比较，没有系统地分析不同蟾酥物质基础的差异；三是物种基原鉴定不清，大部分研究只鉴定是蟾酥样品，没有鉴定其来源蟾蜍物种，而只根据

蟾酥样品无法直接鉴别出基原物种；四是蟾酥样品采集信息描述不全，蟾酥和蟾酥鲜浆样品处理信息不全，采收时间不一致，没有考虑采集蟾蜍大小、性别以及蟾酥的加工工艺等因素对蟾酥含量的影响。在许多条件不一致的情况下，不能评价不同产地蟾酥药材真实质量。因此，为调研我国不同产地中华大蟾蜍所产蟾酥的质量情况，指导我国中华大蟾蜍养殖户筛选养殖用种源和养殖场地选址，我们开展了基于蟾酥品质评价的中华大蟾蜍资源分布特征的研究。

该研究基于前期建立的质量评价方法和结果，对影响蟾酥质量的主要因素在药材获取过程中予以严格规范，规定了所采集的中华大蟾蜍样本按体重范围，雌、雄性别分组，并确保蟾酥样品及其中间体蟾酥鲜浆的采收时间、加工方式、存储方法统一。在此前提下，我们实地采集到全国19个省份42个县区的105份蟾酥样品。随后采用高效液相色谱和质谱分析方法，对所有蟾酥样品进行了物质基础分析和含量测定，形成了我国不同产地蟾酥样品品质评价数据库，并进一步分析了我国蟾酥药材的品质和中华大蟾蜍地理分布的关系，可以全面了解我国不同地区蟾酥药材资源特点，研究成果为中华大蟾蜍养殖基地引种繁育、基地选址和养殖管理等提供了重要的决策依据。

（一）样品的采集

105份中华大蟾蜍基原的蟾酥样本均为2019年度实地采集，覆盖全国19个省份（自治区、直辖市）的42个县区，样品信息见表3-9。表中"药典含量"指依照2020年版《中国药典》，检测蟾毒灵、华蟾酥毒基、脂蟾毒配基3个指标性成分的总含量。

表 3-9　2019 年全国中华大蟾蜍采样信息

编号	蟾酥批号	性别	来源产地	经度（E）	纬度（N）	药典含量/％	分界线
1	hljjx-1	♂	黑龙江鸡西	131.011 3°	45.336 9°	8.71	北
2	hljjx-2	♀	黑龙江鸡西	131.011 3°	45.336 9°	7.18	北
3	lntl-1	♀	辽宁铁岭	124.159 1°	42.546 8°	9.38	北
4	lntl-2	♂	辽宁铁岭	124.159 1°	42.546 8°	10.63	北
5	jlmhk-1	♂	吉林梅河口	125.712 1°	42.538 7°	8.07	北
6	jlmhk-2	♀	吉林梅河口	125.712 1°	42.538 7°	7.43	北
7	lncy-1	未区分	辽宁朝阳	120.415 5°	41.599 7°	7.97	北
8	lnbx-1	♂	辽宁桓仁	125.321 4°	41.310 5°	8.65	北
9	lnbx-2	♀	辽宁桓仁	125.321 4°	41.310 5°	7.70	北
10	lnhr-01	♂	辽宁桓仁	125.321 4°	41.310 5°	9.16	北
11	lnhr-02	♀	辽宁桓仁	125.321 4°	41.310 5°	7.89	北
12	lndl-1	♀	辽宁大连	121.525 5°	38.952 2°	7.33	北
13	lndl-2	♂	辽宁大连	121.525 5°	38.952 2°	8.52	北
14	hbbd-1	♀	河北保定	115.459 4°	38.877 6°	10.42	北
15	hbbd-2	♂	河北保定	115.459 4°	38.877 6°	11.28	北
16	sdyt-1	♂	山东烟台	121.267 5°	37.497 9°	11.57	北
17	sdyt-2	♀	山东烟台	121.267 5°	37.497 9°	7.18	北
18	sddz-1	♀	山东商河	117.152 9°	37.294 8°	7.12	北
19	sddz-1	♂	山东商河	117.152 9°	37.294 8°	10.75	北
20	sxya-1	♀	陕西延安	109.328 9°	36.863 7°	12.26	北
21	sxya-2	♂	陕西延安	109.328 9°	36.863 7°	14.96	北
22	sxya-01	♀	陕西延安	109.328 9°	36.863 7°	9.65	北

编号	蟾酥批号	性别	来源产地	经度(E)	纬度(N)	药典含量/%	分界线
23	sxya - 02	♂	陕西延安	109.328 9°	36.863 7°	13.35	北
24	hnay - 1	♀	河南安阳	114.340 0°	36.120 1°	9.68	北
25	hnay - 2	♂	河南安阳	114.340 0°	36.120 1°	13.18	北
26	sxlf - 1	♂	山西临汾	111.578 7°	36.083 3°	11.18	北
27	sxlf - 2	♀	山西临汾	111.578 7°	36.083 3°	9.29	北
28	sxlf - 01	♂	山西临汾	111.578 7°	36.083 3°	8.29	北
29	sxlf - 02	♀	山西临汾	111.578 7°	36.083 3°	7.95	北
30	hnpy - 1	♀	河南濮阳	115.008 2°	35.770 2°	8.02	北
31	hnpy - 2	♂	河南濮阳	115.008 2°	35.770 2°	8.62	北
32	sdly - 1	♀	山东临沂	118.401 8°	35.087 3°	7.37	北
33	sdly - 1	♂	山东临沂	118.401 8°	35.087 3°	10.58	北
34	sdhz - 1	♂	山东单县	115.963 3°	34.648 4°	9.81	北
35	sdhz - 2	♀	山东单县	115.963 3°	34.648 4°	7.45	北
36	sxbj - 1	♂	陕西宝鸡	107.364 1°	34.339 5°	12.82	北
37	sxbj - 2	♀	陕西宝鸡	107.364 1°	34.339 5	11.51	北
38	sxxy - 1	♀	陕西咸阳	108.706 4°	34.329 1°	7.62	北
39	sxxy - 2	♂	陕西咸阳	108.706 4°	34.329 1°	10.13	北
40	jsxz - 1	♀	江苏徐州	116.947 9°	34.188 8°	7.94	北
41	jsxz - 2	♂	江苏徐州	116.947 9°	34.188 8°	13.27	北
42	ahbz - 1	♀	安徽亳州	115.779 1°	33.876 4°	7.86	北
43	ahbz - 2	♂	安徽亳州	115.779 1°	33.876 4°	9.18	北
44	jsha - 1	♀	江苏淮安	119.021 4°	33.597 5°	7.95	北

编号	蟾酥批号	性别	来源产地	经度(E)	纬度(N)	药典含量/%	分界线
45	jsha－2	♂	江苏淮安	119.0214°	33.5975°	11.24	北
46	jsxz－01	♀	江苏徐州	117.1862°	34.2882°	7.57	北
47	jsxz－02	♂	江苏徐州	117.1862°	34.2882°	9.93	北
48	gsqy－h	未区分	甘肃庆阳	107.5756°	35.7024°	8.11	北
49	ahbb－1	♀	安徽蚌埠	117.3677°	32.9445°	9.65	北
50	ahbb－2	♂	安徽蚌埠	117.3677°	32.9445°	12.64	北
51	jsnt－1	♀	江苏南通	120.8573°	32.0099°	10.44	北
52	jsnt－2	♂	江苏南通	120.8573°	32.0099°	12.75	北
53	shfx－1	♀	上海奉贤	121.4741°	30.918°	19.03	北
54	shfx－2	♂	上海奉贤	121.4741°	30.918°	20.18	北
55	zjtl－1	♀	浙江桐庐	119.6915°	29.7932°	11.88	北
56	zjtl－2	♂	浙江桐庐	119.6915°	29.7932°	16.80	北
57	zjtl－01	♀	浙江桐庐	119.6915°	29.7932°	11.07	北
58	zjtl－02	♂	浙江桐庐	119.6915°	29.7932°	14.99	北
59	hnld－1	♀	湖南邵阳	111.4535°	27.2364°	2.23	南
60	hnld－2	♂	湖南邵阳	111.4535°	27.2364°	3.37	南
61	hnhy－1	♂	湖南衡阳	112.7387°	27.2326°	2.62	南
62	hnhy－2	♀	湖南衡阳	112.7387°	27.2326°	2.07	南
63	hnhy－01	♀	湖南衡阳	112.7387°	27.2326°	1.83	南
64	hnhy－02	♂	湖南衡阳	112.7387°	27.2326°	2.23	南
65	fjsm－1	♀	福建泰宁	117.1759°	26.9001°	0.22	南
66	fjsm－2	♂	福建泰宁	117.1759°	26.9001°	0.32	南

编号	蟾酥批号	性别	来源产地	经度（E）	纬度（N）	药典含量/%	分界线
67	hbsy－1	♂	湖北十堰	110.8132°	32.5918°	0.73	南
68	hbsy－2	♀	湖北十堰	110.8132°	32.5918°	0.68	南
69	scdz－1	♀	四川达州	107.5121°	31.196°	0.74	南
70	scdz－2	♂	四川达州	107.5121°	31.196°	0.88	南
71	hbxg－1	♀	湖北孝感	114.0355°	31.0815°	1.19	南
72	hbxg－2	♂	湖北孝感	114.0355°	31.0815°	1.74	南
73	hbjm－1	♀	湖北荆门	112.2023°	31.0519°	1.06	南
74	hbjm－2	♂	湖北荆门	112.2023°	31.0519°	1.12	南
75	ahaq－01	♀	安徽安庆	117.0344°	30.5123°	0.95	南
76	ahaq－1	♀	安徽安庆	117.0344°	30.5123°	0.81	南
77	ahaq－2	♂	安徽安庆	117.0344°	30.5123°	0.73	南
78	hbxn－1	♀	湖北咸宁	114.2978°	29.8525°	1.28	南
79	hbxn－2	♂	湖北咸宁	114.2978°	29.8525°	1.36	南
80	ahla－1	♀	安徽六安	116.5392°	31.7493°	0.33	南
81	ahla－2	♂	安徽六安	116.5392°	31.7493°	0.54	南
82	hncd－1	♀	湖南常德	111.5823°	29.0623°	0.81	南
83	hncd－2	♂	湖南常德	111.5823°	29.0623°	1.35	南
84	hncd－01	♂	湖南常德	111.5823°	29.0623°	1.29	南
85	hncd－02	♀	湖南常德	111.5823°	29.0623°	1.21	南
86	zjqz－01	♀	浙江衢州	118.8705°	28.9686°	1.88	南
87	zjqz－02	♂	浙江衢州	118.8706°	28.9686°	4.37	南
88	zjqz－4	未区分	浙江衢州	118.8706°	28.9686°	5.67	南

编号	蟾酥批号	性别	来源产地	经度(E)	纬度(N)	药典含量/%	分界线
89	jxnc - 01	♂	江西南昌	115.944 1°	28.545 4°	6.99	南
90	jxnc - 02	♀	江西南昌	115.944 1°	28.545 4°	6.27	南
91	jxnc - 1	♀	江西南昌	115.944 1°	28.545 4°	5.87	南
92	jxnc - 2	♂	江西南昌	115.944 1°	28.545 4°	6.84	南
93	gzzy - 1	♀	贵州遵义	106.828 5°	27.536 3°	3.28	南
94	gzzy - 2	♂	贵州遵义	106.828 5°	27.536 3°	4.54	南
95	gzzy - 3	♀	贵州遵义	106.828 5°	27.536 3°	4.01	南
96	sxak - 1	♀	陕西安康	109.026 9°	32.695 5°	0.37	南
97	sxak - 2	♂	陕西安康	109.026 9°	32.695 5°	0.56	南
98	hnzmd - 1	♀	河南驻马店	113.994 1°	32.973 2°	3.15	南
99	hnzmd - 2	♂	河南驻马店	113.994 1°	32.973 2°	4.03	南
100	hnxc - 1	♀	河南许昌	113.827 3°	34.024 8°	4.09	南
101	hnxc - 2	♂	河南许昌	113.827 3°	34.024 8°	6.73	南
102	hnxz - 1	♂	河南新郑	113.587 7°	34.362 2°	6.34	南
103	hnxz - 2	♀	河南新郑	113.587 7°	34.362 2°	5.76	南
104	fjwys - 1	未区分	福建南平	118.131 6°	27.331 8°	6.17	南
105	gsln - 1	未区分	甘肃陇南	104.927 1°	33.391 9°	4.63	南

（二）样品收集与制作方法

采集人员集中接受培训后，分散到各地实地捕捉蟾蜍并采集蟾酥鲜浆制作样品，无市面收购样品。蟾酥药材在采集过程中严格按照《中国药典》规定的"于夏、秋二季捕捉蟾蜍",避开蟾蜍春季产卵和秋末越冬的时间段。在 2019 年 7 月上旬至 8 月下旬期间,捕捉体重为 50～80 g 的中华大蟾蜍(经南京师范大学计翔教授鉴定),按雌、雄分开采集(个别地区数量不足的按混合性别采集)中华大蟾蜍耳后腺白色浆液,于光滑塑料板上统一阴干制备成 2 mm 左右厚度的蟾酥样品(图 3 - 14),然后于－20℃冰箱保存,备用(部分蟾酥样品图见图 3 - 15)。

▲ 图 3 - 14　蟾酥标准样品

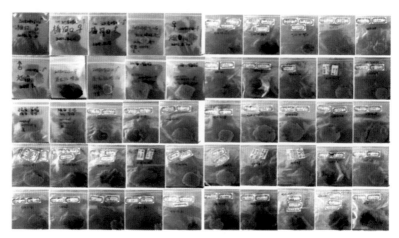

▲ 图 3 - 15　蟾酥样品库中的蟾酥样品

（三）分析方法

色谱条件：Agilent Zorbax SB‐C_{18} 色谱柱（4.6 mm×250 mm，5 μm）；流动相为乙腈（A）‐0.1%甲酸水溶液（B），梯度洗脱（0～20 min，5%A；20～30 min，5%～20%A；30～40 min，80%A；40～45 min，20%～30%A；45～60 min，30%～35%A；60～70 min，35%～40%A；70～80 min，40%～50%A；80～90 min，50%A；90～100 min，50%～95%A）；分析时间为 100 min；流速为 1.0 ml/min；检测波长为 296 nm；柱温为 25℃；进样量为 10 μl。

质谱条件：对高效液相色谱流出液进行分流，使进入质谱的流动相流速为 0.3 ml/min，Dual ESI 离子源，正离子模式检测，干燥气温度为 350℃，干燥气（N_2）的流量为 8 L/min，雾化器压力为 35 psi，毛细管电压为 4 000 V，碎裂电压为 175 V，锥孔电压为 65 V，数据采集范围为 m/z 100～1 500。

质谱数据采集：采用安捷伦 Mass Hunter 定性分析软件 B.07.00 版本（安捷伦科技，Palo Alto，CA，USA）对正离子模式下的质谱原始数据进行处理。数据过滤参数：保留时间为 0～100 min，扫描范围为 m/z 100～1 500，匹配误差为 100 mDa，保留时间窗口为 0.3 min。

（四）多元统计分析

采用安捷伦 Mass Hunter 定性分析软件（安捷伦科技，Palo Alto，CA，USA）进行数据粗提，并生成检测到的离子的表格，包括各离子的保留时间、质量数及离子强度等。离子筛选过滤的参数：检测时间范围为 0.1～100 min；提取质量数范围为 m/z 80～1 000；相对峰高大于 1.5%；质量误差为 0.05 Da；保留时间误差为 0.1 min。进行多元统计分析前将峰强度进行归一化处理。

采用 SIMCA - P 软件进行分析,模型构建采用 PCA 和 PLS - DA 多元统计分析方法。结合 SPSS 13.0 进行显著性分析,采用 t -检验对结果进行验证,当 P 值小于 0.05 时认为有显著性差异。

(五) 研究结果

1. 蟾酥物质基础质谱鉴定结果

蟾酥样品总离子流质谱图见图 3 - 16。利用对照品和相关参考文献报道的数据进行比对,指认出蟾酥化学成分信息,共鉴定出 33 个化合物(表 3 - 10)。

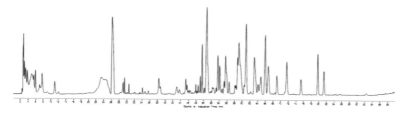

▲ 图 3 - 16　蟾酥样品(批号 sdhz - 2)总离子流质谱图

表 3 - 10　蟾酥样品化合物信息

峰号	保留时间(min)	化合物	分子式	分子量(m/z)
1	5.013	bufotenidine	$C_{13}H_{18}N_2O$	219.149 2
2	7.979	bufotenidine	$C_{13}H_{18}N_2O$	219.149 3
3	11.463	pimeloylarginin	$C_{13}H_{24}O_5N_4$	317.182 3
4	26.567	suberoylarginine	$C_{14}H_{26}O_5N_4$	331.198 0
5	43.543	Φ - bufarenogin	$C_{24}H_{32}O_6$	417.231 8
6	45.641	gamabufotalin	$C_{24}H_{34}O_5$	403.247 9

峰号	保留时间（min）	化合物	分子式	分子量（m/z）
7	49.753	arenobufagin	$C_{24}H_{32}O_6$	417.2317
8	50.889	hellebrigenin	$C_{24}H_{32}O_6$	417.2318
9	51.444	desacetylcinobufotalin	$C_{24}H_{32}O_6$	417.2315
10	51.353	19-hydroxyl-bufalin	$C_{24}H_{34}O_5$	403.2537
11	52.406	hellebrigenin-3-suberate-arginine ester	$C_{39}H_{62}N_4O_9$	729.4027
12	52.571	cinobufaginol-3-succinate-arginine ester	$C_{37}H_{54}N_4O_{10}$	715.4283
13	53.815	cinobufaginol	$C_{26}H_{34}O_7$	459.2380
14	54.838	12β-hydroxylresibufogenin	$C_{24}H_{32}O_5$	401.2328
15	55.335	resibufaginol	$C_{24}H_{32}O_5$	401.2321
16	55.780	1β-hydroxylbufalin	$C_{24}H_{34}O_5$	403.2506
17	55.987	bufalin-3-succinate-arginine ester	$C_{35}H_{46}N_8O_4$	643.3705
18	56.197	19-oxo-cinobufotalin	$C_{26}H_{32}O_8$	473.2192
19	57.093	19-oxo-bufalin	$C_{24}H_{32}O_5$	401.2323
20	59.246	telocinobufagin	$C_{24}H_{34}O_5$	403.2520
21	60.557	desacetylcinobufagin	$C_{24}H_{32}O_5$	401.2377
22	61.434	bufotalin	$C_{26}H_{36}O_6$	445.2634
23	62.333	bufalin-3-adipate-arginine ester	$C_{37}H_{54}N_4O_{10}$	671.4269
24	65.002	19-oxo-cinobufagin	$C_{26}H_{32}O_7$	457.2222

（续表）

峰号	保留时间（min）	化合物	分子式	分子量（m/z）
25	65. 300	resibufagin	$C_{24}H_{30}O_5$	399. 216 4
26	66. 425	cinobufotalin	$C_{26}H_{34}O_7$	459. 242 7
27	67. 138	marinobufagin	$C_{24}H_{32}O_5$	401. 237 5
28	72. 132	bufalin	$C_{24}H_{34}O_4$	387. 253 0
29	72. 518	cinobufagin – 3 – succinate-arginine ester	$C_{38}H_{58}N_4O_8$	699. 433 5
30	78. 217	cinobufagin – 3 – suberate-arginine ester	$C_{40}H_{58}N_4O_{10}$	755. 423 5
31	78. 449	resibufogenin – 3 – suberate-arginine ester	$C_{38}H_{56}N_4O_8$	697. 417 9
32	79. 888	cinobufagin	$C_{26}H_{34}O_6$	443. 243 1
33	81. 632	resibufogenin	$C_{24}H_{32}O_4$	385. 237 8

2. 中华大蟾蜍全国采样后蟾酥质谱数据 PCA 分析

中华大蟾蜍全国采样后蟾酥质谱数据 PCA（Principal Component Analysis，主成分分析）的结果如图 3－17 所示，从图中可以看出四川（达州）、湖南（常德、衡阳、娄底）、湖北（荆门、十堰、孝感、咸宁）、福建（泰宁、武夷山）、浙江（衢州、桐庐）、贵州（遵义）、江西（南昌）、安徽（安庆、六安）、河南（许昌、新郑、驻马店）、陕西（安康）等地的蟾酥均落在图中红色区域，而山西（临汾）、河北（保定）、黑龙江（鸡西）、吉林（梅河口）、江苏（淮安、南通、徐州）、辽宁（本溪、朝阳、大连、沈阳）、山东（商河、菏泽、临沂、烟台）、上海（奉贤）、甘肃（庆阳）、陕西（宝鸡、咸阳、延安）、安徽（蚌埠、亳州）及河南（安阳、濮阳）等地蟾酥均落在蓝色区域。

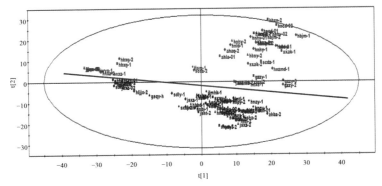

▲ 图 3-17 中华大蟾蜍全国采样后蟾酥质谱数据 PCA 图

（红色表示为南方产地蟾酥，蓝色表示为北方产地蟾酥；横坐标为主成分因子 1，纵坐标为主成分因子 2，各产地名称简写见表 3-9 中的蟾酥批号列）

对全国蟾酥的采样分析表明，以物质基础区分，我国蟾酥基本可以分为南、北两大块。其中部分省份对区分蟾酥药材南、北两大区域特征具有重要意义，如在陕西、河南、安徽和浙江这几个省份中，都存在部分南、北区域差异较大的样品。因此，从总体上看，以秦岭-淮阳丘陵北缘和黄淮平原连接地带-黄山-天目山为分界线，可以区分我国蟾酥药材南、北两大特征区域。与传统的以秦岭-淮河为南北方分界线不同，蟾酥药材的南、北两大区域分界线，从秦岭向东延伸至河南境内后，向上走反"U"字形后持续向下，穿越淮河，沿淮阳丘陵和黄淮平原交接处到安徽南部，并从浙江穿过。

3. 中华大蟾蜍全国采样中南北方蟾酥主要差异成分

为进一步探寻我国南、北两大区域蟾酥药材的主要成分差异，采用偏最小二乘法（PLS-DA）统计分析方法，对南、北两个地区的蟾酥物质基础差异进行分析，根据 SIMCA-P 软件统计的 VIP 值（VIP＞1 的质谱离子可认为是两组间显著差异物质）、t 检验分析、质谱数据以及与标准品的比对，最终共鉴定出 8 个主要差异物质。这 8 个主要差异成分包括 2020 年版《中国药典》中规定的蟾酥药材含量测定的指标性成分蟾毒灵、华蟾酥毒基和脂蟾毒配基，还包括其他几个差异较大的成分，如日蟾毒它灵，其差异程度在所有8个成分中最大。表3-11中列出了显著差异成分的名称及变化趋势。

表3-11　分界线南、北中华大蟾蜍所产蟾酥主要差异成分及变化趋势

序号	分子量 （m/z）	保留时间 （min）	化合物名称	VIP值	趋势 （北方比南方）
1	403.2479	45.64	日蟾毒它灵	2.01	↑
2	417.2272	50.88	嚏根草配基	1.42	↓
3	403.2485	51.35	19-羟基蟾毒灵	1.21	↓
4	401.2322	57.09	19-氧代蟾毒灵	1.37	↓
5	401.2323	60.56	去乙酰华蟾毒精	1.66	↑
6	387.2530	72.13	蟾毒灵	1.0	↑
7	443.2428	79.88	华蟾酥毒基	1.22	↑
8	385.2373	81.63	脂蟾毒配基	1.57	↑

4. 分界线南、北蟾酥样品的含量测定分析

对所有样品按照2020年版《中国药典》规定的蟾酥药材含量测定方法进行含量测定，以蟾毒灵、华蟾酥毒基和脂蟾毒配基的总量来计算，结果见表3-9。通过对表3-9的分析表明，本研究所确定的地理分界线以北的蟾酥药材均符合《中国药典》要求，而分界线以南的蟾酥药材都达不到《中国药典》的要求，进一步表明了本研究所确定的蟾酥药材"南北"分界线的意义。当然，由于采样地点的密集性问题，可能在分界线处存在误差，具体可以实际样品检测为准。

（六）结论

本研究是我国第一次开展的大范围蟾酥样品采集研究，为揭示我国蟾酥中药材随地理位置不同而产生的物质基础差异提供了重要的数据基础。为确保采集样本的准确性和可比性，采集人员严格按照样品采集要求，对样品采集时间、地点、来源物种及性别进行了详细的记录，同时对样品制作过程中的干扰因素进行了控制，采用统一的蟾酥鲜浆加工、干燥方式，要求统一的厚度和形状，加工后同条件冷冻存储，为样本分析的准确性打下了良好的基础。

本研究在我国首次提出了一条以秦岭-淮阳丘陵北缘和黄淮平原连接地带-黄山-天目山为分界线的蟾酥药材南北差异分界线，在分界线北部的中华大蟾蜍所产蟾酥按 2020 年版《中国药典》规定的指标性成分分析含量普遍合格，而分界线南部的蟾酥药材含量普遍不合格。对分界线南、北蟾酥的主要物质成分进行区分和鉴别后表明，除《中国药典》规定的指标性成分外，日蟾毒它灵、去乙酰华蟾毒精等物质成分也存在显著差异。有研究指出，气候因子是蟾酥药材含量差异的主要原因，而本研究所发现的蟾酥药材南北分界线和传统的秦岭-淮河南北分界线存在部分重合，如秦岭南北地带，但分界线在秦岭东部余脉进入河南后产生区别，并沿淮阳丘陵和黄淮平原连接地带向南进入安徽、浙江。秦岭-淮河分界线是我国重要的气温、气候和降水的南北方分界线，指示了自然环境因子的显著区别。蟾酥药材的南北分界线可能基于中华大蟾蜍的栖息小环境不同继而同我国传统的秦岭-淮河分界线有所区别。当然，由于分界线附近取样点数量多少会影响分界线的精确度，因此在分界线附近可能产生蟾酥药材品质高低混杂的交叉地带。

从上述研究中，我们可以基本看出我国蟾酥《中国药典》规定指标性成分含量高低和地理分布的关系。在中华大蟾蜍种源和养殖场址的选择中,应着重参考本部分内容,由于不同的蟾酥含量对应的蟾酥价格不一样,含量越高价格越高,因此应尽量选择在高含量产区建设养殖基地。

三、蟾酥质量影响因素

由于动物来源药材的生长特性及规律和植物来源药材有很大不同,动物来源药材的相关质量影响因素比植物来源药材更多、更复杂。综合来说,动物来源药材的质量影响因素除地理位置、种质、生长年限外,还受到种群间差异的影响。因此,为确保动物药材的质量稳定均一,需要对其生长过程的影响因素进行更全面的考察。

蟾酥作为动物来源药材,其物种基原、性别、体重等因素是否对蟾酥的质量产生影响?我们通过数年的数据积累和总结,在我国首次揭示了物种、性别和体重等因素与蟾酥质量的关系。研究结果对中华大蟾蜍养殖、蟾酥药材标准完善以及蟾酥鲜浆在蟾蜍体内分泌和相关成分的生物合成机制研究都有重要意义。

(一)蟾蜍物种基原与蟾酥质量关系

《中国药典》规定蟾酥来自两个蟾蜍物种,分别是中华大蟾蜍和黑眶蟾蜍。中华大蟾蜍和黑眶蟾蜍的地理生存环境差异很大,如中华大蟾蜍基本生活在我国北纬 25°以北地区(除新疆维吾尔自治区、西藏自治区外),而黑眶蟾蜍主要生活在我国北纬 28°以南地区,二者的分布区域只有一小部分重叠,二者生存环境的差异必定对其药材的质量产生影响。因此,需要充分研究我国中华大蟾蜍和黑眶蟾蜍所产蟾酥的物质基础差异,并判断其对蟾酥质量的影响。

1. 研究方法

样品收集与制作方法、分析方法及多元统计分析方法与本章"第四节　蟾酥全产业链质量控制研究"中"三、我国不同产地蟾酥质量评价和中华大蟾蜍资源分布特征"所用的方法一致。

2. 样品信息

本研究所涉及的不同基原蟾酥样品信息如表 3 - 12 所示。表中"药典含量"指依照 2020 年版《中国药典》检测蟾毒灵、华蟾酥毒基、脂蟾毒配基 3 个指标性成分的总含量。

表 3 - 12　不同基原蟾蜍采集信息表

编号	基原	性别	来源产地	经度	纬度	药典含量(%)
hk-gxpn	黑眶蟾蜍	混	广西贵港平南县	110.392 1	23.539 1	2.04
hk-jxgz1	黑眶蟾蜍	♀	江西赣州上犹县	114.515 8	25.882 6	1.76
hk-jxgz2	黑眶蟾蜍	♂	江西赣州上犹县	114.515 8	25.882 6	2.55
zh-lnhr1	中华大蟾蜍	♀	辽宁本溪桓仁县	125.321 0	41.309 9	8.65
zh-lnhr2	中华大蟾蜍	♂	辽宁本溪桓仁县	125.321 0	41.309 9	9.16
zh-jlmhk1	中华大蟾蜍	♀	吉林梅河口市	125.712 1	42.538 7	4.48
zh-jlmhk2	中华大蟾蜍	♂	吉林梅河口市	125.712 1	42.538 7	8.07
zh-sdyt1	中华大蟾蜍	♀	山东烟台市	121.267 5	37.497 9	5.89
zh-sdyt2	中华大蟾蜍	♂	山东烟台市	121.267 5	37.497 9	9.57

（续表）

编号	基原	性别	来源产地	经度	纬度	药典含量（%）
zh-sxlf1	中华大蟾蜍	♀	山西临汾市	111.5777	36.0832	9.29
zh-sxlf2	中华大蟾蜍	♂	山西临汾市	111.5777	36.0832	11.18
zh-sxbj1	中华大蟾蜍	♀	陕西宝鸡市	107.3874	34.3545	11.51
zh-sxbj2	中华大蟾蜍	♂	陕西宝鸡市	107.3874	34.3545	12.82
hk-hncz1	黑眶蟾蜍	♀	湖南郴州市	113.0110	25.7839	1.81
hk-hncz2	黑眶蟾蜍	♂	湖南郴州市	113.0110	25.7839	2.95
zh-hnsy1	中华大蟾蜍	♀	湖南邵阳市	111.4532	27.2364	2.23
zh-hnsy2	中华大蟾蜍	♂	湖南邵阳市	111.4532	27.2364	3.37
zh-hnhy1	中华大蟾蜍	♀	湖南衡阳市	112.7387	27.2325	2.62
zh-hnhy2	中华大蟾蜍	♂	湖南衡阳市	112.7387	27.2325	3.85
zh-hncd1	中华大蟾蜍	♀	湖南常德市	111.5819	29.0623	1.27
zh-hncd2	中华大蟾蜍	♂	湖南常德市	111.5819	29.0623	2.36
zh-gzzy1	中华大蟾蜍	♀	贵州遵义市	106.8292	27.5362	3.28
zh-gzzy2	中华大蟾蜍	♂	贵州遵义市	106.8292	27.5362	4.54
zh-ahxx1	中华大蟾蜍	♀	安徽宿州萧县	116.9472	34.1887	7.94
zh-ahxx2	中华大蟾蜍	♂	安徽宿州萧县	116.9472	34.1887	13.27
zh-ahbb1	中华大蟾蜍	♀	安徽蚌埠市	117.3677	32.9444	9.64
zh-ahbb2	中华大蟾蜍	♂	安徽蚌埠市	117.3677	32.9444	12.64
zh-jsnt1	中华大蟾蜍	♀	江苏南通市	120.8573	32.0098	10.44
zh-jsnt2	中华大蟾蜍	♂	江苏南通市	120.8573	32.0098	12.75

编号	基原	性别	来源产地	经度	纬度	药典含量(%)
zh-jsha1	中华大蟾蜍	♀	江苏淮安市	119.021 2	33.597 5	6.95
zh-jsha2	中华大蟾蜍	♂	江苏淮安市	119.021 2	33.597 5	11.24
zh-ahaq1	中华大蟾蜍	♀	安徽安庆市	117.034 2	30.512 2	0.73
zh-ahaq2	中华大蟾蜍	♂	安徽安庆市	117.034 2	30.512 2	0.92
zh-ahla1	中华大蟾蜍	♀	安徽六安市	116.539 4	31.749 3	7.82
zh-ahla2	中华大蟾蜍	♂	安徽六安市	116.539 4	31.749 3	9.21
zh-ahbz1	中华大蟾蜍	♀	安徽亳州市	115.779 1	33.876 4	5.86
zh-ahbz2	中华大蟾蜍	♂	安徽亳州市	115.779 1	33.876 4	9.18
zh-hnay1	中华大蟾蜍	♀	河南安阳市	114.355 1	36.108 4	9.68
zh-hnay2	中华大蟾蜍	♂	河南安阳市	114.355 1	36.108 4	13.18
zh-hnfy1	中华大蟾蜍	♀	河南濮阳市	115.041 2	35.768 2	6.48
zh-hnfy2	中华大蟾蜍	♂	河南濮阳市	115.041 2	35.768 2	8.02
zh-hnxc1	中华大蟾蜍	♀	河南许昌市	113.827 3	34.024 8	4.09
zh-hnxc2	中华大蟾蜍	♂	河南许昌市	113.827 3	34.024 8	6.73
zh-hnzmd1	中华大蟾蜍	♀	河南驻马店市	113.993 8	32.973 1	3.15
zh-hnzmd2	中华大蟾蜍	♂	河南驻马店市	113.993 8	32.973 1	4.03
zh-hbsy1	中华大蟾蜍	♀	湖北十堰市	110.812 8	32.591 7	0.68
zh-hbsy2	中华大蟾蜍	♂	湖北十堰市	110.812 8	32.591 7	0.88
zh-hbjm1	中华大蟾蜍	♀	湖北荆门市	112.201 5	31.051 9	1.06
zh-hbjm2	中华大蟾蜍	♂	湖北荆门市	112.201 5	31.051 9	1.23

（续表）

编号	基原	性别	来源产地	经度	纬度	药典含量(%)
zh-hbxn1	中华大蟾蜍	♀	湖北咸宁市	114.298 4	29.852 5	1.27
zh-hbxn2	中华大蟾蜍	♂	湖北咸宁市	114.298 4	29.852 5	1.36
zh-sxak1	中华大蟾蜍	♀	陕西安康市	109.026 9	32.695 5	0.37
zh-sxak2	中华大蟾蜍	♂	陕西安康市	109.026 9	32.695 5	0.56
zh-sxxy1	中华大蟾蜍	♀	陕西咸阳市	108.706 4	34.329 0	7.62
zh-sxxy2	中华大蟾蜍	♂	陕西咸阳市	108.706 4	34.329 0	10.12
zh-sxya1	中华大蟾蜍	♀	陕西延安市	109.328 9	36.863 7	12.26
zh-sxya2	中华大蟾蜍	♂	陕西延安市	109.328 9	36.863 7	14.96
zh-gsln	中华大蟾蜍	混	甘肃陇南市	104.926 6	33.391 8	8.11
zh-scdz1	中华大蟾蜍	♀	四川达州市	107.511 7	31.196 0	0.74
zh-scdz2	中华大蟾蜍	♂	四川达州市	107.511 7	31.196 0	0.87
zh-sddz1	中华大蟾蜍	♀	山东德州商河县	116.299 4	37.450 7	7.12
zh-sddz2	中华大蟾蜍	♂	山东德州商河县	116.299 4	37.450 7	10.75
zh-hbbd1	中华大蟾蜍	♀	河北保定市	115.458 7	38.877 5	10.41
zh-hbbd2	中华大蟾蜍	♂	河北保定市	115.458 7	38.877 5	11.29
zh-sxlf1	中华大蟾蜍	♀	山西临汾市	111.577 7	36.083 2	6.84
zh-sxlf2	中华大蟾蜍	♂	山西临汾市	111.577 7	36.083 2	7.94
zh-lndl1	中华大蟾蜍	♀	辽宁大连市	121.525 5	38.952 2	7.33
zh-lndl2	中华大蟾蜍	♂	辽宁大连市	121.525 5	38.952 2	8.52
zh-lnsy1	中华大蟾蜍	♀	辽宁沈阳市	124.159 1	42.546 8	4.9

编号	基原	性别	来源产地	经度	纬度	药典含量（%）
zh-lnsy2	中华大蟾蜍	♂	辽宁沈阳市	124.159 1	42.546 8	10.63
zh-lncy	中华大蟾蜍	混	辽宁朝阳市	120.415 5	41.599 7	6.61
hk-fjwys	黑眶蟾蜍	混	福建武夷山（南平市）	118.120 4	27.331 7	2.15
hk-fjzz1	黑眶蟾蜍	♀	福建漳州平和县	117.315 8	24.363 4	2.08
hk-fjzz2	黑眶蟾蜍	♂	福建漳州平和县	117.315 8	24.363 4	2.23
hk-gxgl1	黑眶蟾蜍	♀	广西桂林全州县	110.860 5	25.870 7	2.47
hk-gxgl2	黑眶蟾蜍	♂	广西桂林全州县	110.860 5	25.870 7	3.17

3. 结果

为揭示不同基原蟾蜍所产蟾酥的物质基础差异，分别对中华大蟾蜍、黑眶蟾蜍所产蟾酥进行了质谱数据分析比较。所获取的质谱数据进行 PCA 分析。PCA 得分图如图 3 - 18 所示。可以看出，中华大蟾蜍和黑眶蟾蜍所产蟾酥样本存在明显区别，这表明中华大蟾蜍和黑眶蟾蜍所产蟾酥的物质基础明显不同。

为进一步揭示中华大蟾蜍和黑眶蟾蜍所产蟾酥中主要物质成分的差异，我们对所获得的质谱数据进行了偏最小二乘法（PLS - DA）分析，根据各离子变量对 PLS - DA 模型的贡献以及 t -检验验证，共发现并鉴定了 9 种显著差异的化合物。表 3 - 13 列出了显著差异的化合物及其变化趋势。

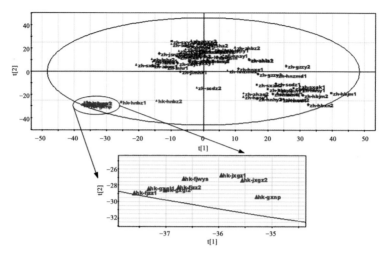

▲ 图 3-18　中华大蟾蜍基原和黑眶蟾蜍基原蟾酥的物质基础差异 PCA 图

蓝色为中华大蟾蜍基原蟾酥,红色为黑眶蟾蜍基原蟾酥。各样品编号同表 3-12。

表 3-13　中华大蟾蜍基原和黑眶蟾蜍基原蟾酥的主要物质基础差异

序号	分子量(m/z)	保留时间（min）	化合物名称	趋势（中华 vs. 黑眶）
1	219.149 2	7.97	蟾毒色胺内盐	↑
2	417.227 2	43.54	伪异沙蟾毒精	↑
3	403.248 5	51.35	19-羟基蟾毒灵	↓
4	403.247 9	59.24	远华蟾毒精	↑
5	445.258 5	61.43	蟾毒它灵	↑
6	459.237 7	66.42	华蟾毒它灵	↑
7	401.232 3	67.13	南美蟾毒精	↑
8	387.253 0	72.13	蟾毒灵	↑
9	443.540 3	80.54	华蟾酥毒基	↑

根据 2020 年版《中国药典》的要求,对所收集的中华大蟾蜍基原($n=66$)和黑眶蟾蜍基原($n=10$)的蟾酥药材进行蟾毒灵、华蟾酥毒基、脂蟾毒配基 3 个指标性成分含量测定(各样品含量如表 3-12 所示),经统计分析显示(表 3-14),中华大蟾蜍基原和黑眶蟾蜍基原蟾酥在《中国药典》指标性成分含量上存在显著的差异,中华大蟾蜍所产蟾酥药材的《中国药典》指标性成分含量显著高于黑眶蟾蜍所产蟾酥药材的含量。从结果也可以看出,中华大蟾蜍基原蟾酥药材组内变异系数较大,主要是因为采样的中华大蟾蜍分布范围广,不同地区中华大蟾蜍所产蟾酥含量也有着很大差别。

表 3-14　中华大蟾蜍基原和黑眶蟾蜍基原蟾酥指标性成分含量比较

	中华大蟾蜍基原蟾酥 ($\overline{x}\pm s$)	黑眶蟾蜍基原蟾酥 ($\overline{x}\pm s$)	P 值
2020 年版《中国药典》指标性成分含量(%)	6.70±4.08	2.32±0.46	0.001

注:$\overline{x}$ 为平均值,s 为标准差

4. 讨论

本研究主要从影响蟾酥药材质量的因素出发,首次深入研究了中华大蟾蜍和黑眶蟾蜍基原物种所产蟾酥的物质基础及质量差异。中华大蟾蜍和黑眶蟾蜍虽然作为我国蟾酥药材的法定来源动物基原,但二者的生存环境存在显著差异,基本上以北纬 25～28°作为一条物种分界地带,地带以北是中华大蟾蜍生活区,而地带以南则为黑眶蟾蜍生活区,地带中间为二者混生区域。从分析结果来看,中华大蟾蜍和黑眶蟾蜍的物质基础存在显著差异,差异明显的物质成分包括《中国药典》指标性成分蟾毒灵和华蟾酥毒基。从含量测定结果来看,黑眶蟾蜍所产蟾酥均不符合 2020 年版《中国

药典》要求；中华大蟾蜍在与黑眶蟾蜍混生的区域，其含量也大部分不符合 2020 年版《中国药典》的要求。

除此之外，从采浆过程来看，黑眶蟾蜍所产鲜浆黏稠，且能呈胶状拉丝，与中华大蟾蜍所产鲜浆有较大的物理状态区别（图 3 - 19）。

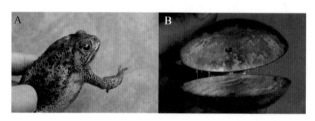

▲ 图 3 - 19　广西平南县黑眶蟾蜍和所产的蟾酥鲜浆

A. 黑眶蟾蜍；B. 黑眶蟾蜍所产鲜浆，呈拉丝状态

分布在我国并列入"三有"野生动物目录的蟾蜍科物种有 20 种，分别是：哀牢蟾蜍、盘古蟾蜍、华西蟾蜍、隐耳蟾蜍、头盔蟾蜍、中华大蟾蜍、喜山蟾蜍、沙湾蟾蜍、黑眶蟾蜍、岷山蟾蜍、新疆蟾蜍、花背蟾蜍、史氏蟾蜍、西藏蟾蜍、圆疣蟾蜍、绿蟾蜍、卧龙蟾蜍、鳞皮厚蹼蟾、无棘溪蟾、疣棘溪蟾。

目前我们蟾酥基地团队在中华大蟾蜍采样的过程中收集了其中 6 种，包括中华大蟾蜍（Bufo bufo gargarizans）、黑眶蟾蜍（Bufo melanostictus）、花背蟾蜍（Bufo raddei）、喜山蟾蜍（Bufo himalayanus）、史氏蟾蜍（Bufo stejnegeri）和绿蟾蜍（Bufo viridis），收集的 6 种蟾蜍见图 3 - 20。对 6 种蟾蜍耳后腺干燥分泌物，依照 2015 年版《中国药典》检测华蟾酥毒基、脂蟾毒配基 2 个指标性成分的总含量，结果为：中华大蟾蜍＞花背蟾蜍＞黑眶蟾蜍＞喜山蟾蜍＞史氏蟾蜍＞绿蟾蜍。除《中国药典》规定的蟾酥来源动物中华大蟾蜍和黑眶蟾蜍外，其他 4 种蟾蜍耳后腺干燥分泌物，依照 2015 年版《中国药典》检测华蟾酥毒基、脂蟾毒配基 2 个指标性成分的总含量结果见图 3 - 21。

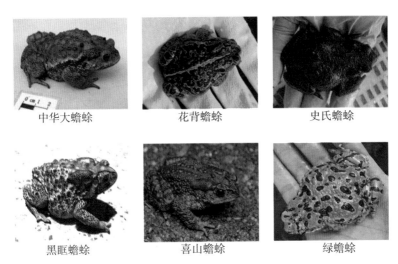

中华大蟾蜍　　　　　　花背蟾蜍　　　　　　史氏蟾蜍

黑眶蟾蜍　　　　　　喜山蟾蜍　　　　　　绿蟾蜍

▲ 图 3 - 20　不同蟾蜍物种取样照片

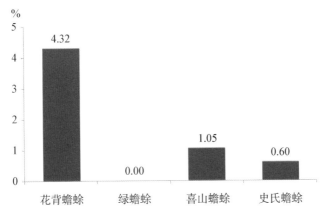

▲ 图 3 - 21　其他 4 种蟾蜍耳后腺干燥分泌物指标性成分测定结果

　　上述研究表明：不同蟾蜍物种耳后腺分泌物的华蟾酥毒基、脂蟾毒配基 2 个指标性成分的总含量差异较大，只有中华大蟾蜍所产蟾酥符合药典标准,养殖户在选择拟养殖的蟾蜍物种时应选择中华大蟾蜍,不建议选择黑眶蟾蜍,因为所产蟾酥含量达不到药典标准要求。其他蟾蜍物种不属于药典规定的蟾酥来源物种。

(二)中华大蟾蜍体重和蟾酥药材质量关系

蟾酥鲜浆是中华大蟾蜍因惊恐外界危险刺激而分泌的毒液,分泌毒液会影响中华大蟾蜍的正常生理代谢。因此,中华大蟾蜍在不同体重阶段,需要平衡身体正常机能和应激反应分泌毒液的关系。通常在 5 g~30 g 体重阶段,耳后腺逐步长大成熟。由于个体小,外界危险较多,加之处在生长发育旺盛期,在 30 g~50 g 时毒液的储备量相对较高;在 50 g 以后的成蟾阶段,随着体重的增加,中华大蟾蜍的天敌对其威胁逐渐减少,加之处于成熟后期,毒液的储备量又逐渐降低。体重增长到 100 g 以后阶段或者年龄较大的蟾蜍,其耳后腺逐渐钙化,毒液的分泌能力进一步降低,分泌器官耳后腺及皮肤腺逐渐成为"装饰品"。

1. 研究方法

本研究在不同产地采集不同体重的中华大蟾蜍(每个产地组内进行分析),同一性别,按照体重分组,考察不同体重组蟾蜍的蟾酥含量差异,揭示中华大蟾蜍不同体重阶段与蟾酥含量的关系。采集和制作蟾酥方法和前述方法相同,依照 2020 年版《中国药典》进行蟾毒灵、华蟾酥毒基、脂蟾毒配基 3 个指标性成分含量测定。

2. 样品采集及检测

2015~2019 年,我们到全国各地实地采集中华大蟾蜍,记录采集时间,对中华大蟾蜍进行体重分组和雌雄分组,取浆后制作蟾酥。采样信息、体重分组及检测结果见表 3-15。

表 3－15　不同地区采集的中华大蟾蜍按体重分组信息表

采集时间	采集地点	体重分区(g)	性别	药典含量(%)
2015.05.10	吉林磐石	30～50	雄性	10.23
		50～80		9.04
		80～100		7.55
2015.06.22	山东菏泽单县	30～50	雌性	10.14
		50～80		7.81
		80～100		5.12
2016.07.08	辽宁本溪桓仁县	30～50	雌性	12.35
		50～80		8.71
		80～100		7.52
2019.09.01	吉林长春	30～50	雄性	8.63
		50～80		6.22
		80～100		5.51
		30～50	雌性	10.32
		50～80		8.78
		80～100		6.55
2019.10.06	辽宁抚顺新宾	30～50	雄性	12.34
		50～80		10.55
		80～100		9.40
		30～50	雌性	12.07
		50～80		10.48
		80～100		7.34

3. 结果分析

我们对所采集的中华大蟾蜍基原蟾酥药材进行含量测定分

析,结果如图 3-22 所示。结果显示:30～50 g 阶段中华大蟾蜍所产蟾酥《中国药典》指标性成分含量最高;50～80 g 阶段中华大蟾蜍所产蟾酥《中国药典》指标性成分含量稍低;80 g 阶段中华大蟾蜍所产蟾酥《中国药典》指标性成分含量最低。在进行性别分组后,雌性和雄性组都呈现体重越高而《中国药典》指标性成分含量越低的显著趋势(图 3-23)。该结论在不同产地、不同年份和不同性别的样品中都具有显著的一致性。

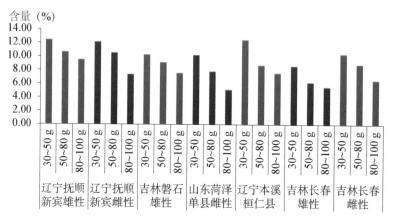

▲ 图 3-22　不同产地、不同性别、不同体重分组后中华大蟾蜍所产蟾酥的《中国药典》指标性成分分析,纵坐标为《中国药典》指标性成分含量,横坐标为产地、性别和体重分组

上述结果显示,随着体重的升高,中华大蟾蜍所产蟾酥含量逐步下降。因此,在实际养殖生产中,养殖户可利用这一规律测算蟾酥质量和养殖收益,确定合适的养殖终点。

中华大蟾蜍在取浆后仍可以正常生长发育和繁育后代。野生蟾蜍在取浆后本部放归自然,这是野生资源的"绿色利用",即生物保护模式利用,不会影响野生资源的可持续发展。对人工养殖中华大蟾蜍,养殖户可以按体重分级进行绿色利用:对体重 30～80 g

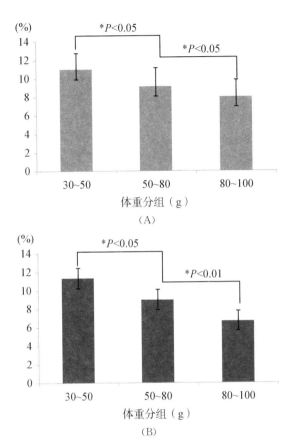

▲ 图 3-23 性别分组后不同体重组中华大蟾蜍所产蟾酥的
《中国药典》指标性成分含量差异比较

(A)雄性中华大蟾蜍所产蟾酥《中国药典》指标性成分的含量比较;(B)雌性中华大蟾蜍所产蟾酥《中国药典》指标性成分含量比较

的中华大蟾蜍,用于取浆制作蟾酥,取浆后的蟾蜍制成其他蟾蜍制品或在自然环境中放生。对体重 80 g 以上的中华大蟾蜍,优选生长快、抗病力强、蟾酥含量高的蟾蜍作为种蟾用于第二年繁育后代;淘汰的蟾蜍在自然环境中放生,以丰富野生资源,优化生态链结构。

（三）不同性别中华大蟾蜍与蟾酥药材质量关系

在动物药材中,确实存在雌、雄差异的问题,如麝香只来源于雄麝的分泌物。中华大蟾蜍所产蟾酥的含量和性别的关系,我们蟾酥基地团队通过多年的观测和总结,首次对中华大蟾蜍的性别和蟾酥含量的关系进行了阐明。

1. 研究方法

在本章第四节"三、我国不同产地蟾酥质量评价和中华大蟾蜍资源分布特征"相关研究的采样过程中,我们对 $50\sim80$ g 体重的雌、雄蟾蜍进行分组。在表 3 - 9 中,我们除了记录了全国各产地蟾酥含量的差异,还有同一产地雌、雄蟾蜍的信息。

2. 结果

根据表 3 - 9,我们的分析结果显示,在 13 个省份的 32 个市、县所采集的样品中,都呈现了雄性中华大蟾蜍所产蟾酥《中国药典》指标性成分含量高于雌性中华大蟾蜍所产蟾酥《中国药典》指标性成分含量,如图 3 - 24(A)所示。将雄性中华大蟾蜍所产蟾酥《中国药典》指标性成分含量记为 M,雌性中华大蟾蜍所产蟾酥《中国药典》指标性成分含量记为 F,以(M—F)/F ＊ 100％ 计算,发现辽宁沈阳、湖南常德、吉林梅河口、安徽宿州等地(图 3 - 24B 线框中的市、县)的雄性中华大蟾蜍所产蟾酥《中国药典》指标性成分含量要高于雌性中华大蟾蜍所产蟾酥《中国药典》指标性成分含量 50％ 以上。

3. 讨论

在中华大蟾蜍性别与蟾酥药材含量关系的研究中,我们同样发现了显著特点,即雄性中华大蟾蜍所产蟾酥的《中国药典》指标性成分含量比雌性中华大蟾蜍所产蟾酥要高,有些地区甚至高50％ 以上。这一结果给我们三点提示:①是在人工养殖中华大蟾

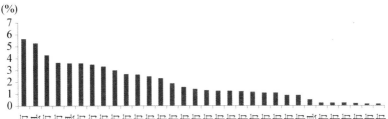

（A）

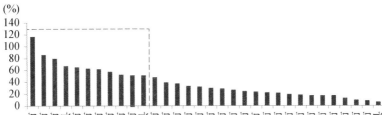

（B）

▲ 图 3-24　全国 13 个省份 32 个市、县的雌、雄中华大蟾蜍所产蟾酥
《中国药典》指标性成分含量差异比较

（A）各地雄性中华大蟾蜍所产蟾酥《中国药典》指标性成分含量减雌性中华大蟾蜍所产
蟾酥《中国药典》指标性成分含量的差值（M－F）；（B）各地雄性中华大蟾蜍所产蟾酥
《中国药典》指标性成分含量高于雌性中华大蟾蜍所产蟾酥《中国药典》指标性成分含量
的比例 $[(M-F)/F*100\%]$

蜍的采收环节应注意雌、雄比例，及时监控蟾酥质量，否则容易导
致所产蟾酥质量不稳定。②是蟾酥的产生分泌机制可能和某些雄
性激素相关，而一些雄性激素的母核结构也和蟾酥中蟾蜍甾二烯

类成分的母核结构类似。在其他含毒素物种的研究中,也发现存在性别和毒素的相关性。这一发现为深入研究蟾酥中甾二烯类物质的生物合成机制提供了新的思路。③可以探索在蟾蜍蝌蚪变态环节通过调节某些环境因素如温度、pH值从而调节雌雄比例。

(四)天敌刺激和蟾酥药材含量的关系

中华大蟾蜍所产蟾酥是中华大蟾蜍为应对天敌危险而分泌的毒素,用于麻醉和毒杀准备攻击它的天敌。为研究中华大蟾蜍分泌毒液在应对天敌后产生的变化,我们蟾酥基地团队在2018年于辽宁省本溪市桓仁县采用了赤链蛇作为天敌对中华大蟾蜍进行刺激并观察其对蟾酥含量的影响。

取野生采集的赤链蛇,放置于深1.5 m的圆桶中,随同放置圆桶中的有30只雄性中华大蟾蜍,体重在50～80 g。桶中放置泥土用于中华大蟾蜍躲避。中华大蟾蜍和赤链蛇共同放置20天后,剩余20只,取出中华大蟾蜍进行取浆,干燥后测定所产蟾酥含量。设置对比组,放置30只同样体重在50～80 g的雄性中华大蟾蜍于

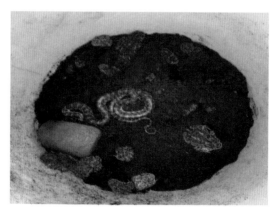

▲ 图3-25　赤链蛇与中华大蟾蜍的共养试验

另一只圆桶中，20 天后取出，取浆，干燥后测定所产蟾酥含量。实验完毕后把野生赤链蛇放归于捕捉地。

经对比研究发现，无赤链蛇组的中华大蟾蜍所产蟾酥含量为9.12％，而有赤链蛇组的中华大蟾蜍所产蟾酥含量为 11.32％，绝对值增加 2 个多百分点，具有显著的提升含量作用。因此，本研究表明，天敌刺激可促进中华大蟾蜍所产蟾酥的含量。研究结果提示我们，在中华大蟾蜍养殖的过程中，在保证不影响蟾蜍存活的前提下，可通过适当的天敌刺激方法提高蟾酥含量。

四、蟾酥规范化加工工艺研究

从蟾蜍耳后腺夹取后的浆液，存贮在塑料、玻璃或陶瓷容器中，放置冰箱中冷藏。制作蟾酥时，先将鲜浆融化，用 40 目筛网过滤，去除杂质，得到蟾酥鲜浆。如何将蟾酥鲜浆加工成蟾酥，《中国药典》中仅简单规定了蟾酥为中华大蟾蜍或黑眶蟾蜍挤取耳后腺和皮肤腺的白色浆液（蟾酥鲜浆）经加工、干燥制得，并没有规定蟾酥生产加工过程的具体加工工艺流程和工艺参数。大多数地区的加工都是沿袭本地早期的传统制作方法，地区差异较大，没有统一标准，而且这些工艺普遍步骤烦琐、技术含量低、受外界环境影响大，从而导致各地蟾酥药材的质量参差不齐且普遍不高，不利于蟾酥产业的发展。为规范蟾酥的生产加工流程，稳定和提高蟾酥药材质量，我们蟾酥基地团队开展了蟾酥加工方法深入研究，形成了蟾酥的标准加工工艺。

蟾酥生产加工过程中采用的干燥方法较多，有自然干燥（如室内阴干、室外阴干、晒干等）、烘箱干燥和烘房烘干等方法。自然干燥法的整个加工过程效率低下、缺少安全防护、缺乏标准化干燥工艺参数。由于从蟾酥鲜浆到蟾酥成品的加工过程中存在生物转化过程，尤其是蟾蜍甾二烯类有效成分的转化较为明显，而该生物转化过程与鲜浆干燥温度和时间密切相关。因此,我们采用中药指纹图谱结合多成分定量质量分析技术,评价和优化蟾酥生产加工工艺参数,形成统一的蟾酥加工技术规范。

本实验考察室温、日照、烘箱快速干燥(40℃、60℃、80℃)方式制成蟾酥成品后,以蟾酥得率(蟾酥成品折干重量除以蟾酥鲜浆重量)、《中国药典》指标性成分含量以及蟾酥指纹图谱的变化,总结蟾酥干燥加工过程中各成分的转移变化规律,为确定蟾酥干燥加工工艺提供支持。

(一) 不同干燥加工方法的比较

1. 蟾酥样品的制备

取 5 张同样的塑料板,分别取蟾酥鲜浆 20 g,利用模具和刮板,将蟾酥鲜浆平铺在塑料板上,5 张铺满蟾酥鲜浆的塑料板分别在室温、日照、40℃、60℃和 80℃等 5 个条件下进行干燥:室温干燥 10 d、日照干燥 4 d、40℃干燥 32 h、60℃干燥 24 h、80℃干燥 12 h,每种加工干燥方法分别平行制备 3 份样品,得到各干燥温度下的蟾酥样品,进行各项指标的检测和对比分析。

2. 不同条件干燥蟾酥得率和水分含量的测定

蟾酥鲜浆在不同温度(室温、日照、40℃、60℃和 80℃)下干燥后,得到蟾酥成品。蟾酥折干率=蟾酥成品重量/蟾酥鲜浆重量×100%,考虑到各蟾酥样品的水分含量不同,需要扣除蟾酥样品的水分,得到蟾酥成品折干重量,从而计算蟾酥鲜浆到蟾酥成品的得率。蟾酥得率=蟾酥成品折干重量/蟾酥鲜浆重量×100%。按 2015 年版《中国药典》烘干法分别测定室温、日照、40℃、60℃和 80℃干燥所得的蟾酥样品的水分含量。结果见表 3－16。

表3-16　不同干燥方法蟾酥成品的得率和水分含量

干燥温度	水分/%	干重比/%	折干率/%	得率/%
室温-1(10 d)	11.83	88.17	31.27	27.57
室温-2	10.32	89.68	31.35	28.11
室温-3	10.92	89.08	31.27	27.86
日照-1(4 d)	9.23	90.77	31.02	28.15
日照-2	8.76	91.24	30.53	27.85
日照-3	9.02	90.98	30.73	27.96
40℃-1(32 h)	9.62	90.38	30.76	27.80
40℃-2	9.71	90.29	30.76	27.78
40℃-3	10.13	89.87	30.71	27.60
60℃-1(24 h)	8.07	91.93	29.38	27.01
60℃-2	7.80	92.20	29.13	26.86
60℃-3	7.88	92.12	28.83	26.56
80℃-1(12 h)	6.92	93.08	28.98	26.98
80℃-2	6.67	93.33	29.03	27.09
80℃-3	6.69	93.31	28.90	26.97

2015年版《中国药典》规定蟾酥药材的水分不得超过13%,从表3-17可以看出,不同温度干燥所得的蟾酥成品,水分含量均达到了药典要求;温度越高,其干燥加工过程所需的时间越短,也越易获得低含水量的蟾酥成品;蟾酥鲜浆随着干燥温度的升高,其折干率和得率均略有降低,室温、日照和40℃干燥所得的蟾酥得率基本一致,60℃和80℃干燥所得的蟾酥得率大致相同。

3. 蟾酥中华蟾酥毒基和脂蟾毒配基的含量测定

按2015年版《中国药典》检测方法,测定样品中华蟾酥毒基和脂蟾毒配基的含量,结果见表 3-17。

表 3-17   不同干燥方法蟾酥成品的指标成分含量

干燥温度	华蟾酥毒基/%	脂蟾毒配基/%	总含量/%
室温-1	3.93	2.64	6.57
室温-2	3.90	2.61	6.52
室温-3	3.92	2.62	6.54
日照-1	3.88	2.63	6.52
日照-2	3.88	2.64	6.52
日照-3	3.69	2.47	6.16
40℃-1	3.94	2.70	6.63
40℃-2	3.96	2.71	6.67
40℃-3	3.95	2.71	6.65
60℃-1	4.02	2.76	6.78
60℃-2	3.97	2.73	6.70
60℃-3	4.00	2.75	6.74
80℃-1	3.97	2.74	6.72
80℃-2	4.01	2.76	6.77
80℃-3	4.10	2.82	6.93

从表 3-17 可以得出,日光照射所得蟾酥《中国药典》指标性成分的含量略低于常温和烘箱干燥的蟾酥;提示蟾酥干燥过程中应尽量避免日光照射。干燥温度越高,蟾酥《中国药典》指标性成分含量略有升高,表明蟾酥鲜浆随着干燥温度的升高,所得蟾酥中药典指标成分华蟾酥毒基和脂蟾毒配基的总含量略有升高,分析原因可能为随着干燥温度的升高,其所含有的挥发性成分随着水分一并挥发所致。通过统计学分析,室温和 40℃ 干燥所得的蟾

酥,其药典指标成分总含量基本一致;60℃ 和 80℃ 干燥所得的蟾酥,其药典指标成分总含量基本一致。

4. 不同温度干燥蟾酥指纹图谱的相似度分析

分别比较各蟾酥样品的高效液相色谱(HPLC)指纹图谱中特征峰数目及其相对峰面积,并采用国家药典委员会"中药指纹图谱相似度评价系统(2012 版)"软件处理,对各蟾酥成品的 HPLC 指纹图谱进行分析,各批次样品分别以同批室温干燥的蟾酥成品作为参比对照,计算其他温度干燥下指纹图谱的相似度。结果表明,不同温度干燥蟾酥样品与同批次室温干燥蟾酥样品的指纹图谱相似度均大于 0.99,相似度良好。蟾酥鲜浆在室温、日照、40℃、60℃ 和 80℃ 温度下干燥的蟾酥成品指纹图谱相似度比较及其重叠情况见图 3-26。

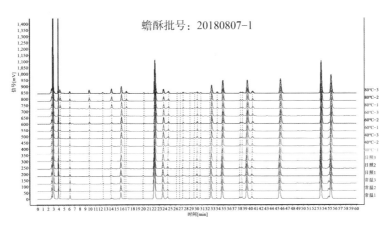

▲ 图 3-26　不同温度干燥蟾酥成品 296 nm 指纹图谱相似度比较图

5. 不同温度干燥蟾酥指纹图谱中化学成分对比分析

将不同温度干燥的成品蟾酥指纹图谱中 24 个共有峰峰面积进行整理(按称样量 0.2 g 折算),直观分析不同温度干燥的成品蟾酥中化学成分的含量变化。不同温度干燥蟾酥样品的色谱图比较如图 3-27 所示。

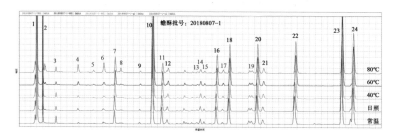

▲ 图 3-27 不同温度干燥蟾酥样品的色谱堆叠图

以各干燥温度蟾酥样品峰面积/称样量与室温干燥样品中相应峰峰面积/称样量的百分比值,即 $(A_i/W_i)/(A_0/W_0) \times 100\%$ (A_i 为第 i 个温度干燥样品某个峰的峰面积,W_i 为第 i 个温度干燥供试品的称样量,A_0 为室温干燥样品中相应峰的峰面积,W_0 为室温干燥样品的称样量),以其为纵坐标,并以各峰号为横坐标,比较不同温度干燥的成品蟾酥指纹图谱中各峰的变化情况。图 3-27 为

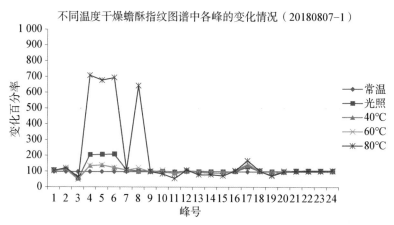

▲ 图 3-28 不同温度干燥蟾酥指纹图谱中各成分峰的变化情况图

不同温度（日照、40℃、60℃和80℃）干燥的成品蟾酥各成分与室温干燥成品蟾酥比较的变化情况。

　　由图 3-28 明显可见，不同温度干燥蟾酥成品指纹图谱中各峰峰面积的变化趋势基本一致，其中百分率变化较大的峰中，化合物峰 4、5、6、8、17 随干燥温度的升高，该类化学成分含量有升高趋势；化合物峰 11、13、14、15、19 的含量随干燥温度的升高呈现下降趋势；而化合物峰 3 的含量则随干燥温度的升高先减小而后略有回升趋势；以上各峰含量变化百分率的变化幅度随着干燥温度的增加而增大。

　　将不同温度干燥蟾酥样品指纹图谱中各峰单位质量峰面积采用数据统计分析 SPSS 软件（Statistics Package for Social Science，社会科学统计包）进行单因素方差分析，分别比较日照与室温、40℃与室温、60℃与室温、80℃与室温之间是否存在显著性差异，通过 SPSS 统计分析得出：5 种不同的温度干燥的成品蟾酥，其化合物峰 4、5、6、8 和 17，随干燥温度的升高，含量有升高趋势。对 5 种不同温度干燥后的蟾酥指纹图谱峰面积进行统计学分析，得出经 60℃干燥、40℃干燥与室温干燥相比，各化合物峰面积没有显著性差异；经 80℃干燥后，以上各化合物峰面积均出现显著性水平差异，说明 80℃干燥都能明显升高化合物 4、5、6、8 和 17 的含量。化合物峰 11、13、14、15 和 19 的含量随干燥温度的升高呈现下降趋势。对 5 种不同温度干燥后的蟾酥指纹图谱峰面积进行统计学分析，得出以上化合物经 60℃干燥、40℃干燥与室温干燥相比均没有显著性差异；而经 80℃干燥后，以上各化合物面积均出现显著性水平差异，说明 80℃干燥能使化合物 11、13、14、15 和 19 的含量降低。化合物峰 3 的含量随干燥温度的升高先减小而后略有回升趋势，经 60℃干燥与室温干燥相比基本一致，而经 80℃干燥后，其含量显著降低。其余各化合物峰在统计学上未见显著性差异。含量百分率变化较大的化合物,经不同温度干燥后,其含量均表现出显著性差异。图 3 - 27 和图 3 - 28 所示的含量变化百分率与统计学方差分析结果具有一致性。

6.蟾酥不同干燥加工方法研究总结

常温和日光照射受自然因素影响,难以保证温、湿度的一致;烘箱干燥能确保干燥条件在各批次间的一致性。烘箱 40℃ 干燥需要时间较长;烘箱 80℃ 干燥会导致某些物质基础发生较大的变化;烘箱 60℃ 干燥蟾酥的相对质量与传统的室温干燥蟾酥相比,物质基础基本一致。综合蟾酥的传统干燥加工特点、得率、指纹图谱及质量因素考虑,40℃ 干燥和 60℃ 干燥的相对质量与传统的室温干燥蟾酥相比,物质基础变化较小,而 60℃ 干燥加工时间相对较短,故建议 60℃ 作为最佳干燥温度,其干燥加工时间根据蟾酥鲜浆的含水量而定,可以满足标准化、规范化和规模化加工的需求。

(二)蟾酥鲜浆不同底板材料干燥加工方法的研究

蟾酥生产加工过程中采用干燥的底板材料较多,有玻璃材质、塑料材质及金属材质等不同底板材料。蟾酥从鲜浆到成品的加工过程中存在生物转化过程,尤其是蟾蜍甾二烯类有效成分的转化较为明显,该生物转化过程是否与鲜浆干燥的底板材料相关,需要深入研究。

本实验考察不同底板材料(紫铜板、黄铜板、白铜板、304 不锈钢板、A3 铁板、1060 铝板、5052 铝板、亚克力板、PVC 板、ABS 板、得力复写板/PP 材质、玻璃板)方式制成蟾酥成品后,以蟾酥得率、《中国药典》指标性成分含量的变化,总结蟾酥不同底板材料干燥加工过程中各成分的转移变化规律,为确定最佳加工工艺提供研究基础。

1.不同底板材料蟾酥样品的制备

分别取蟾酥鲜浆约 13 g,利用模具和刮板,将蟾酥鲜浆平铺于各张底板上,于 60℃ 干燥 16 小时,每种底板材料分别平行制备两份样品,得到各底板材料上干燥的蟾酥样品,用于各项指标检测和化学成分对比分析。

　　2. 不同底板材料干燥蟾酥的得率和水分含量测定

蟾酥鲜浆在不同底板材料(紫铜板、黄铜板、白铜板、304 不锈钢板、A3 铁板、1060 铝板、5052 铝板、亚克力板、PVC 板、ABS 板、得力复写板、玻璃板)上干燥后,得到蟾酥成品。蟾酥折干率＝蟾酥成品重量/蟾酥鲜浆重量×100%,考虑到各蟾酥样品的水分含量不同,需要扣除蟾酥样品的水分,得到蟾酥成品折干重量,计算蟾酥得率,蟾酥得率＝蟾酥成品折干重量/蟾酥鲜浆重量×100%。按 2015 年版《中国药典》烘干法分别测定不同底板材料干燥所得的蟾酥样品的水分含量,结果见表 3-18。

表 3-18　不同底板材料干燥所得蟾酥样品的水分和得率

底板材料	百分数%			
	含水量	干重率	鲜浆折干率	蟾酥得率
紫铜-1	9.12	90.88	28.44	25.85
紫铜-2	8.59	91.41	28.14	25.72
黄铜-1	8.88	91.12	28.35	25.83
黄铜-2	9.20	90.80	28.51	25.89
白铜-1	9.51	90.49	28.56	25.84
白铜-2	9.09	90.91	28.52	25.93
304 不锈钢-1	9.44	90.56	28.18	25.52
304 不锈钢-2	9.30	90.70	27.71	25.13
A3 铁-1	9.28	90.72	27.93	25.34
A3 铁-2	9.02	90.98	27.87	25.36

（续表）

底板材料	百分数%			
	含水量	干重率	鲜浆折干率	蟾酥得率
1060 铝-1	9.91	90.09	28.72	25.88
1060 铝-2	9.56	90.44	28.49	25.76
5052 铝-1	9.02	90.98	28.02	25.50
5052 铝-2	9.36	90.64	28.24	25.60
亚克力-1	7.83	92.17	27.45	25.30
亚克力-2	7.33	92.67	27.79	25.75
PVC-1	8.47	91.53	27.30	24.99
PVC-2	9.01	90.99	27.60	25.11
ABS-1	8.89	91.11	27.56	25.11
ABS-2	8.76	91.24	28.00	25.55
得力-1	7.55	92.45	28.64	26.48
得力-2	8.27	91.73	28.83	26.45
玻璃-1	9.33	90.67	27.69	25.11
玻璃-2	9.33	90.67	27.69	25.11

3. 蟾酥中华蟾酥毒基和脂蟾毒配基的含量测定

对华蟾酥毒基和脂蟾毒配基的含量进行对比，结果如图 3-29 所示。

4. 蟾酥指纹图谱的研究

按建立的蟾酥药材行业标准制备并进样分析，记录色谱图。将 24 个不同底板材料干燥的蟾酥样品指纹图谱导入国家药典委员会开发的《中药色谱指纹图谱相似度评价系统》（2012 版）软件进行分析，以玻璃组蟾酥样品的指纹图谱为参照图谱，用中位数法，把时间窗宽度设定为 0.1，采用多点校正全谱峰匹配生成蟾酥

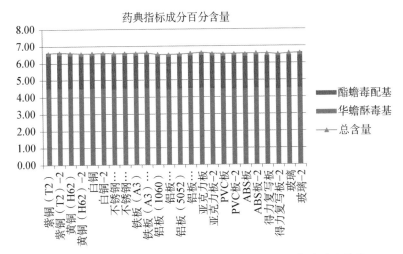

▲ 图 3-29 《中国药典》(2015 年版)指标性成分含量对比结果

药材对照指纹图谱,不同底板材料干燥的蟾酥样品的指纹图谱叠加图及其共有模式如图 3-30 所示。

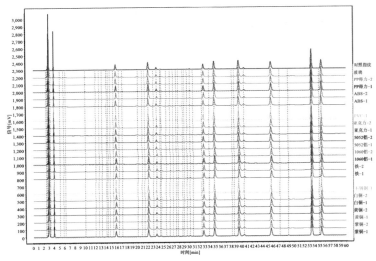

▲ 图 3-30 不同底板材料干燥蟾酥药材指纹图谱叠加图

我们对各样品指纹图谱中各个色谱峰的相对保留时间进行对比分析,鉴定出了 10 个共有特征峰,其中 5 号峰出峰时间较为稳定,分离度良好,峰面积适中,故选取 5 号为参照峰(S 峰),然后计算得出其他各共有峰的相对保留时间。

5. 一标多测法测定 5 种蟾蜍甾二烯类成分的含量

取 24 个不同底板材料干燥的蟾酥样品,制备供试品溶液,分别测定各蟾酥样品的指纹图谱及其日蟾毒它灵、蟾毒它灵、蟾毒灵、华蟾酥毒基、脂蟾毒配基的含量。具体结果如图 3 - 31 所示。

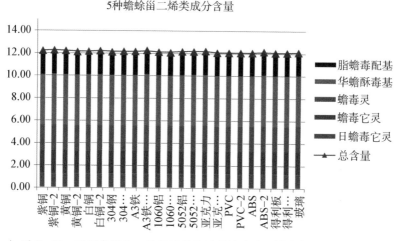

▲ 图 3 - 31　不同底板加工所得蟾酥的 5 种蟾蜍甾二烯类成分含量测定结果

6. 不同底板加工蟾酥的质量结果分析

2015 年版《中国药典》规定蟾酥药材的水分不得超过 13%,不同材料底板干燥所得的蟾酥样品,水分含量均可达到药典要求。而亚克力板和得力复写板材质干燥的蟾酥含水量略低。以得力复写板干燥的蟾酥得率最高,亚克力板次之。

不同底板干燥的 24 个蟾酥样品的华蟾酥毒基、脂蟾毒配基和

《中国药典》指标性成分的 RSD 分别为 0.46％、0.63％和 0.46％，表明不同材料底板干燥所得的蟾酥样品间华蟾酥毒基和脂蟾毒配基的含量无明显差异（$P>0.05$）。

指纹图谱相似度评价结果表明，不同材料底板干燥所得蟾酥样品的指纹图谱相似度均为 1.000。不同材料底板干燥所得蟾酥之间各化合物峰无显著性差异（$P>0.05$）。

对不同底板干燥的 24 个蟾酥样品的 5 种蟾蜍甾二烯类成分含量进行对比分析，不同底板干燥的 24 个蟾酥样品的日蟾毒它灵、蟾毒它灵、蟾毒灵、华蟾酥毒基、脂蟾毒配基和 5 种蟾蜍甾二烯类成分含量总和的 RSD 分别为 0.69％、0.44％、0.56％、0.46％、0.63％和 0.45％，表明不同材料底板干燥所得的蟾酥样品间 5 种蟾蜍甾二烯类成分的含量无明显差异。采用 SPSS 对不同底板干燥蟾酥样品中各蟾蜍甾二烯类成分含量进行方差分析，不同材料底板干燥所得蟾酥之间各蟾蜍甾二烯类成分无显著性差异（$P>0.05$）。

7. 不同底板材料干燥工艺总结

不同材料底板干燥所得蟾酥样品外观均呈红棕色，半透明状，外观性状一致。古籍记载蟾酥忌铁器，本实验也设计了铁板组，发现蟾酥鲜浆与铁板接触部位变为青黑色，而其指纹图谱相似度和 5 种蟾蜍甾二烯类成分含量无明显差异，其颜色变化可由三氧化二铁污染所致。

本研究结合蟾酥得率、指纹图谱和含量测定对以不同材料底板干燥蟾酥鲜浆的效果进行评价，表明无显著性差异。但考虑到金属器具对蟾酥鲜浆的污染及药物安全性，建议不用铜、铁、不锈钢、铝等金属材质的底板。综合考虑干燥效果及材质的易获得性，养殖户可选择得力复写板（PP 材质）和亚克力板材作为蟾酥加工干燥的优选底板材料，以满足规范化和规模化加工的要求。

第四章
养殖注意事项

　　中华大蟾蜍的生态习性决定了其每年只有一次养殖机会,如果养殖过程失败,则只能来年重新开始,因此,养殖户要主动与同行进行交流,尽可能吸取已有的经验和教训。在中华大蟾蜍的养殖过程中,往往是养殖户忽略了一些细节或未能掌握关键技术诀窍,从而导致养殖的失败。

　　尽管本书的前几章中也部分介绍了养殖过程中应该注意的问题,但大部分是针对不同的养殖模式而言。在本章中,我们综合汇总了养殖过程可能出现的关键细节问题及解决方案,为广大中华大蟾蜍养殖从业人员提供技术支持,也为快速查阅养殖问题的解决办法提供方便。

第一节

水质调控

　　水质在养殖过程中对动物的生长、发育、繁殖等起着重要作用,良好的水质可以促进动物的生长发育,而不合格的水质则可能会导致动物产生疾病甚至死亡。因此,在蟾蜍养殖过程中,要保持水质在合理范围内,为蝌蚪和蟾蜍营造良好的水体环境,养殖用水须符合《渔业水质标准》(GB 11607—1989)的要求。

中华大蟾蜍在养殖过程离不开水源,其产卵孵化、蝌蚪养殖阶段是用水最多的时候,幼蟾阶段对水的依赖少一些,成蟾阶段对水的依赖又有所减少,因此,不同养殖阶段对水质标准的要求会有所不同。蝌蚪期的水质要求最为严格,幼蟾和成蟾的水质要求不是很高。本节重点讲解蝌蚪期水质的监测和调控方法。

一、水质因素介绍

1. 溶解氧(DO)

溶解氧(DO)是养殖对象及其他水生动植物、细菌的生命活动和有机质的降解转化所必需的关键因子,养殖水体中溶解氧须保持$\geqslant 3.5\,mg/L$,最好能保持$\leqslant 5\,mg/L$。在养殖池塘环境中,浮游藻类进行光合作用可产生60%以上的溶解氧,空气对流也能增加溶解氧。

蟾蜍属两栖动物,蝌蚪期在水中依靠鳃部呼吸,因而中华大蟾蜍蝌蚪对水中溶解氧的要求较高,一般溶解氧含量须保持在$3.5\,mg/L$以上,10日龄以内的蝌蚪最好在溶解氧不低于$3.8\,mg/L$的水源中养殖。幼蟾和成蟾营水陆两栖生活,此时蟾蜍的呼吸主要依靠肺部,并且通过皮肤辅助呼吸,对于水中溶解氧的要求不如蝌蚪期严格。

2. 氨氮($NH_4^+ - NH_3$)

养殖代谢产物的不完全硝化作用使养殖水体中氨氮含量升高,氨氮含量过高会损害蝌蚪或蟾蜍的肝胰组织,降低其获氧能力,引起应激反应。中华大蟾蜍蝌蚪养殖水体中的氨氮含量水平应$\leqslant 0.5\,mg/L$。

3. 亚硝酸氮（NO_2^-）

养殖代谢产物的不完全硝化作用会引起养殖池塘中的亚硝酸氮含量过高，亚硝酸氮由蝌蚪的鳃丝进入血液从而导致其缺氧窒息。一般养殖水体的亚硝酸氮含量水平应控制在≤0.2 mg/L。但不同的养殖动物在不同环境下对亚硝酸盐的耐受能力有所不同，如养殖凡纳滨对虾时，即使高盐度养殖水体中亚硝酸氮含量水平达到2 mg/L，对虾仍然可以正常生长。而中华大蟾蜍蝌蚪养殖过程中，亚硝酸盐浓度要控制在0～0.22 mg/L。

4. 硫化氢（H_2S）

硫化氢由含硫物质在氧气不足条件下分解产生，是蝌蚪的致命性剧毒物质。当养殖水体的硫化氢浓度过高时，硫化氢可通过渗透和吸收进入蝌蚪的组织和血液，与血红素中的铁结合，破坏血红素结构，使血红蛋白丧失结合氧分子的能力，从而造成蝌蚪组织、细胞严重缺氧。低浓度硫化氢会影响养殖动物生长，高浓度硫化氢将导致养殖动物死亡。中华大蟾蜍蝌蚪的养殖水体中硫化氢含量应≤0.2 mg/L。

5. 酸碱度（pH）

浮游藻类生长繁殖旺盛或石灰粉使用过度可使水体的pH升高，浮游藻类繁殖生长不良或暴雨后可使水体的pH值降低。水体pH值过高会增强氨氮毒性，pH过低则使溶解氧浓度降低，使亚硝酸盐和硫化氢的毒性增强。中华大蟾蜍蝌蚪对水体pH的要求一般在7.5～8.5。

6. 透明度

透明度是反映水体中浮游藻类和有机质多寡的间接指标，可反映水质的肥瘦状况，直接影响蝌蚪的生长与变态。合适的透明度适宜养殖对象良好生长，而且可抑制底生丝藻、纤毛虫、有害菌的滋生。透明度过低显示水体中浮游藻类及有机质过多，水体过肥,水质容易变坏,水中溶解氧量降低;透明度过高则显示水体中浮游藻类及有机质过少,水体过瘦,虽然有利于增加水中溶解氧量,但蝌蚪取食的浮游生物较少。适合中华大蟾蜍蝌蚪养殖水体的透明度范围一般为 30～60 cm。

7. 水色

水色反映养殖水体中浮游藻类的种群和数量,是判断水质优劣的直观指标。总体来说,豆绿、黄绿、茶褐为优良水色,此时水体的微藻种群以绿藻、硅藻、隐藻、金藻为优势;红、蓝绿为劣质水色,此时水体的微藻种群以甲藻、蓝藻为优势;水体白浊是原生动物、浮游动物过多,容易引起缺氧。中华大蟾蜍蝌蚪养殖宜选取豆绿、黄绿、茶褐色水体,且以肥、活、爽、嫩为佳。水色过浓、过清均不宜。

二、相关水质调控措施

1. 养殖水体 pH 偏高的调节

(1) 水色偏浓、pH 偏高的调节。这是由于浮游微藻繁殖过盛,导致 pH 偏高。此时可引自蓄水池或地下水源更换部分水体,再施放无机载体的芽孢杆菌和光合细菌,以抑制浮游微藻的过度繁殖,调节 pH。

(2) 水色正常但 pH 偏高的调节。这种情况多数发生在养殖前期,主要原因是池塘老化、塘底含氮有机质偏多或者使用石灰过多,而且水体缓冲力低。可先泼洒乳酸菌和葡萄糖来中和碱性物质,再使用腐殖酸提高水体缓冲力。

(3) 水色呈蓝色或酱油色、pH 变化较大的调节。这是由于有害藻类(蓝藻或甲藻)过度繁殖引起 pH 变化较大。水源条件好的可以更换部分水体,避免蓝藻或甲藻分解的毒素影响蝌蚪和蟾蜍的生长,换水后,可使用光合细菌和腐殖酸,以抑制有害藻类的繁殖。如果出现蓝藻集中到池塘下风处的情况,可用杀藻剂局部泼洒,然后使用活性钙或增氧剂改善底层溶解氧状况,同时使用芽孢杆菌、光合细菌或乳酸菌进行处理。

2. 养殖水体 pH 偏低的调节

养殖水体 pH 偏低,一般情况下是由于酸性土质引起,也可因长期下雨造成,可用农用石灰全池泼洒。注意农用石灰的一次用量不宜过大,以免引起蝌蚪或蟾蜍产生应激反应,应视需要反复多次调节。

3. 养殖水体氨氮水平过高的调节

(1)水源氨氮水平过高的调节。由于地质原因,部分地下水氨氮含量偏高,抽出来的地下水必须充分曝气,让水中的氨氮挥发和氧化,然后施放芽孢杆菌和浮游微藻营养素培养有益菌相和优良浮游微藻,吸收氨氮。也可以使用具有硝-反硝化作用的有益菌和光合细菌降解、转化氨氮物质。

(2)养殖中后期引起水体氨氮水平升高的调节。先使用沸石粉加增氧剂或活性钙("池底净")改良水体底质,同时施放光合细菌吸收氨氮,再使用芽孢杆菌降解转化有害物质,可有效降低氨氮含量。

4. 养殖水体亚硝酸盐水平过高的调节

养殖水体亚硝酸盐水平过高是由于池底有机物较多,在氧气不足的情况下产生的。预防亚硝酸盐水平过高必须从调水开始。

(1)养殖过程中定期施用芽孢杆菌,前期使用有机载体的芽孢杆菌,中后期使用无机载体的芽孢杆菌;水色偏浓或阴雨天气时施用光合细菌和乳酸菌。

(2)定期施用具有硝化-反硝化功能的有益菌,保持硝化过程的正常进行。

（3）发现亚硝酸盐含量过高，可先用活性钙、增氧剂处理塘底，然后加大硝化细菌、芽孢杆菌、光合细菌等有益微生物的用量。

5. 养殖过程发生水体"倒藻"和水色突变情况的调节

由于降温、长时间降雨、风向转变等天气异常情况或水体缺乏营养，会出现藻类大规模死亡的现象，俗称"倒藻"，如不及时处理，会引起蝌蚪摄食减退、游池，严重时可导致蝌蚪发病。

调节措施如下：

（1）注意提前预防。在天气转变之前施用光合细菌或乳酸菌，有助于维持藻类正常生长。

（2）如出现"倒藻"，应及时处理。首先要控制饲料投喂量，避免未吃完的饲料污染水质。其次，施放沸石粉和底部增氧剂改良水体底质，隔天添加部分新水，使用芽孢杆菌降解死亡藻类。最后，适当施放微藻营养素培养浮游微藻，营造水色。

6. 池水变清或变浑的调节

在养殖过程中，有时候池水会变为清澈或浑浊，原因和调节方法如下：

（1）池塘水体的浮游微藻有一定生长期、高峰期和衰败期，用肉眼观察水色有一个变化过程，俗称"转水"或"倒水"。第 1 次施用微藻营养素后，正常情况下在 3～5 天内能培养起良好的水色，7～10 天后应该追施微藻营养素（如单细胞藻类生长素），能使水色保持稳定。

（2）池水的浮游动物繁殖过度，大量摄食浮游单细胞藻类，会使池水变清。出现这种情况，应停止投喂，降低浮游动物繁殖水平；其次，添加适量的新水，再使用微藻营养素（如单细胞藻类生长素）和芽孢杆菌，重新培养浮游微藻，营造水色。

第二节

蝌蚪期管理

中华大蟾蜍在蝌蚪期因在水中进行发育,受到的影响因素较多。蝌蚪养殖期间需注意的主要问题包括:产卵池的准备、蝌蚪的饲喂、蝌蚪的密度、养殖的水质保持等。

一、产卵池注意事项

1. 产卵池的准备

在春季蓄水养殖前,要对蝌蚪养殖池进行生石灰清塘。蓄水后,要在产卵池边缘的浅水中投放树枝、柳条、木架等材料,营造产卵环境,提供蟾蜍卵带缠绕或附着的支持物。蟾蜍抱对繁殖产卵视频扫描"视频4-1"二维码。

视频4-1
蟾蜍抱对
繁殖产卵

2. 产卵池的清理与消毒

首先清理孵化池内的杂物和淤泥,用清水冲洗干净后,加水至水深 15～30 cm,对孵化池进行消毒处理,一般选用漂白粉,用量 60～80 g/m³,消毒 5～7 d 或检测不到余氯后,才可进行下一步操作。生石灰用量 400～500 g/m³,消毒 15～30 d,消毒完毕后用有机酸 1～2 ppm 或大苏打 0.4～0.6 g/m³ 解毒即可。

3. 孵化管理

孵化水温保持在 10～16℃,最大温度区间为 10～32℃。要保持孵化期间水温相对稳定。水质保证符合水产养殖用水的标准,使孵化环境不受天敌等有害因素的影响,避免撕扯等行为造成卵带的机械损伤,做好每日的孵化及观察记录,观察记录胚胎发育的各个阶段和发育所用的时间。

4. 种蟾的转移

在种蟾产卵结束后应及时将其转移至成蟾养殖场地,避免幼蟾上岸时被成蟾误食。

5. 出孵和出苗

刚孵出的蝌蚪游泳能力差,常吸附在水草或水池壁上,不游动也不摄食,以体内卵黄为营养,后以卵膜为食,随后开始以植物性生物、动物性生物为食。该时期需要加强饲养管理,提高蝌蚪的体质与存活率。

二、蝌蚪培育

放养前严格做好清池消毒和检查工作,要做到蝌蚪池清除干净,防止事故发生,消毒需要提前15天进行,及时清除池中敌害如蛇、鼠、鱼等。

三、蝌蚪的放养

1. 根据蝌蚪质量分池放养

为避免蝌蚪出现大欺小、强欺弱,甚至大蝌蚪吞食小蝌蚪的现象,保证同池蝌蚪的均衡生长,应按蝌蚪发育阶段、身体大小、体质强弱分池放养。

2. 养殖密度

蝌蚪放养密度通过影响水质而对蝌蚪生长和成活产生影响,蝌蚪密度大,需要的饲料多,需氧量大,容易导致水体污染、缺氧,从而导致蝌蚪死亡率升高。一般10日龄蝌蚪的放养密度为1 000～2 000尾/m²,11～30日龄蝌蚪的放养密度为300～1 000尾/m²,30日龄以上蝌蚪的放养密度为100～300尾/m²。

四、蝌蚪的饲喂

1. 蝌蚪的饲喂原则

"四定"原则，即定质、定量、定时、定位。"三看"即看水质、看天气、看蝌蚪状态。

2. 蝌蚪的饲喂

蝌蚪饲喂按表格 4-1 中的要求进行即可。

表 4-1　蝌蚪分期和饲料投喂策略

蝌蚪分期	日龄	投　喂　策　略
0～25 期	0～15	不摄食不投喂
26～38 期	16～48	肥水为主,植物食性(藻类、麦麸、低蛋白饲料)为主,日投喂量 4%～7%体重(低蛋白饲料),每天两次投喂
39～42 期	49～55	投喂高蛋白配合饲料、粉料,日投喂量 2%～5%体重,每天两次投喂

3. 具体饲喂方案

产出的卵带孵化完成的时间为 7～10 天,蝌蚪会从受精卵开始逐渐发育,由单个的受精卵细胞逐渐地分裂发育成胚胎,然后开始形状的变化:首先是形态的变化,圆形的受精卵逐渐拉长变成椭球体,然后是胚胎神经系统的形成,再逐渐开始产生肌肉的收缩效应,之后蝌蚪的心脏、鳃丝开始分化形成,此时的蝌蚪会开始做短距离的游动。当蝌蚪的鳃盖褶进一步发展,外鳃全部被遮盖,鳃盖愈合只残留有呼吸孔,口器发育较为完备,可以刮食饲料,即发育至 25 期后,可进行开口饲料投喂。

蝌蚪开口阶段可以先用煮熟的鸡蛋黄(1 个鸡蛋黄/1 万只蝌

蚪)进行开口投喂,一条卵带的卵量为 5 000～8 000 只蝌蚪,可以据此来估算蝌蚪数量,从而确定蛋黄及饲料的投喂量。蛋黄每天投喂 1 次,投喂前需用 200 目纱网过滤并化水,可连续投喂 2～5 天。

之后便可开始用人工饲料进行投喂。人工饲料使用粉状饲料,按蝌蚪体重的 5% 进行投喂,每天 2 次,上午 6:00～7:00 可投喂 2% 蝌蚪总体重的饲料,下午 17:00～18:00 可投喂 3% 蝌蚪总体重的饲料。两次投喂之间可用煮熟的菠菜、白菜等蔬菜辅助投喂,投喂量按蝌蚪总体重的 2%～3% 进行。

饲料投喂过程中,可在饲料里加拌诱食酵母,以促进蝌蚪进食,每间隔 4 天连续投喂 3 天,1 天投喂 1 次。

当蝌蚪发育到 30～45 日龄时,可以将粉状饲料更换为小颗粒饲料。另外,在蝌蚪养殖过程中每间隔 12 天进行连续 3 天保健药物的拌料,每千克饲料拌三黄散 5～8 g、肝胆益康 6～10 g、水产用维生素预混合饲料 3～6 g,于每天下午饲喂一次,进行肠道、肝胆等器官保健,增强蝌蚪体质。

养殖池塘须每间隔 15～30 天采用聚维酮碘 0.5～1 ppm 进行 1 次水体消毒,防止有害细菌的滋生。

蝌蚪养殖过程中,要保持池塘水体应用缓流水,或每间隔 7～14 天用芽孢杆菌按 500 g/亩的用量改善水体底部环境 1 次。蝌蚪属于营底栖生活的生物,应尽量少用化学类的改底药物,以免对蝌蚪造成应激。

五、蝌蚪的管理

1. 水质管理

蝌蚪养殖池水体中的氨氮水平不应高于 0.4 mg/L,亚硝酸盐浓度水平不高于 0.2 mg/L,pH 应位于 7.0～8.5,溶解氧应高于

3 mg/L,要维持以上各项指标水平,为蝌蚪提供一个良好的水质环境。

水位应保持在0.3 m以上,水体透明度应保持在可见度水深15～30 cm。

应定期观察水样,查看水中浮游生物种类及含量,保证优势藻类的富集(如隐藻、绿藻、硅藻),水体颜色一般为黄绿色或豆绿色。

2. 接近变态期的管理

此时的蝌蚪为了保证变态发育的需要,食欲开始减退,摄食量递减,身体的机能开始向适应陆栖生活的方向发育,此时要特别关注饲料投喂量,逐渐减少,可以降低至之前投喂量的1/2或1/3。

此阶段过后,蝌蚪的口器开始逐渐变化,已经不再适合水中摄食,所以这时需要关注的是保证水质的清新,避免投喂大量饲料后因蝌蚪无法摄食而造成水体污染。

这时,投喂量应递减甚至停止投喂,同时还要注意营造适合蝌蚪上岸的缓坡环境,因为在其发育至尾巴收缩消失、身体开始出现成体相似色斑时,蝌蚪的呼吸系统已经转为肺部呼吸,无法再适应长时间的水中生活,如果不及时引导蝌蚪上岸,容易导致其溺毙。所以,在蝌蚪的后肢生长到后肢关节处有瘤状物突起时,就要关注蝌蚪的食量变化,切勿盲目添加饲料。同时还要准备一些木板、浮垫等漂浮物材料固定在岸边,为幼蟾提供一个适合登陆上岸的环境,另外要做好幼蟾的养殖准备。蝌蚪开口期投喂视频扫描"视频4-2"二维码。

视频4-2

视频4-2
蝌蚪开口
期投喂

第三节

变态期管理

在蛙类和蟾蜍等无尾两栖动物中,变态期的变化是相当剧烈的,几乎幼体的每个器官都发生改变,中华大蟾蜍亦是如此。变态期是蝌蚪转变为幼蟾的关键环节,其外部形态、内部构造以及运动方式等都发生巨大变化,如此巨大的变化无疑对于这一阶段的蝌蚪是一个挑战。因而,这一阶段的管理对于幼蟾的存活率有至关重要的作用。

一、变态期介绍

以戈斯纳(Gosner,1960)分期表为标准,变态期为蝌蚪发育第41～46期变态完成阶段。蝌蚪在此阶段不同分期的变态变化如下:

41期:泄殖肛褶消失期,泄殖肛褶消失或几近消失;前肢外的皮肤变透明。

42期:口裂发育期,成体口裂出现;从侧面看,口角在鼻孔前端,前肢伸出。

43期:口裂发育期,口裂加深;从侧面看,口角超过鼻孔水平,但未达到眼睛。

44期:口裂发育期,口裂进一步加深,口角达到眼中部水平。

45期:口裂发育期,口角达眼后水平,尾巴萎缩吸收而趋于消失,只剩下一个小突起。

46期:变态完成,尾巴完全消失,四肢发育完成,基本具备与成体相似色斑。

变态期为蝌蚪变为幼蟾的关键时期,第 41 期蝌蚪进入禁食期,时间大约 5~10 天,其时间长短与环境温度高低相关。尾巴逐渐被吸收到体内,蝌蚪利用尾巴的营养物质作为营养来源维持生命活动。最后,蝌蚪的嘴巴变宽,角质颚被骨颚取代。蝌蚪的食性也从植食性变为肉食性,并且体内的肠道变短。

此阶段已发育出四肢,蝌蚪会在陆地与水体的临界处不间断地尝试性往返于陆域和水域,或在漂浮的浮游植物和树枝上栖息,也会在水中不定时露出鼻孔,经常性地用肺呼吸空气。在完成变态发育成幼蟾前,蝌蚪的皮肤呼吸、鳃呼吸与肺呼吸并存,在不同时期,各呼吸器官在呼吸作用中所占的比例目前尚不清楚,但是蝌蚪发育越靠近幼蟾,呼吸作用中的用肺呼吸所占比例越大,为完全适应陆地环境做好了准备。

二、变态期常见问题

此阶段容易出现的问题:

(1)蝌蚪在水中和陆地往返,用皮肤呼吸和用肺呼吸也在同时不断调整。此时,蝌蚪的呼吸器官发育不完全,也没完全适应陆地与水域的转换过程,并且在上岸时会有群集现象,水中溶解氧含量低,因而在浅水区经常容易发生溺亡。

(2)刚变态的幼蟾,个体小,皮肤薄嫩,适应能力差,还不能较长时间地在陆地生活,需要经常回到水中,经过一段时间的发育后,其个体增大,适应能力增强,才可以较长时间地离开水体向陆地扩散行陆栖生活,但仍需要潮湿的环境,不能长期在干燥的环境中生存。这时的幼蟾较害怕日晒与干燥,在养殖中如不采取相应措施,会导致刚变态的幼蟾蜍死亡率很高。

三、管理方法

针对以上变态期存在的问题,要采取相应的管理措施,具体方法如下:

(1)在变态期,养殖密度要合理,如发现蝌蚪密集且相互叠压,要及时调整其密度,捞出过多的蝌蚪并转移到其他养殖池中继续养殖。

(2)要营造良好的上岸条件。变态期幼蟾登陆上岸和栖息的地方要有遮阴植被,养殖场可以种植大豆和水稻等农作物作为幼蟾的遮阴植被。同时,养殖场还应定时向上岸幼蟾的栖息地喷洒水,保持栖息地湿润。

第四节

幼蟾期管理

幼蟾期管理是蟾蜍养殖的重点,幼蟾养殖常常受到环境、食物、疾病、天敌和种内竞争等因素的困扰。幼蟾个体较小,养殖难度大,相比于成蟾养殖,此阶段需要更多的精心照料。养殖场的管理相较于成蟾养殖也更为复杂,对环境要求较高。变态后的幼蟾需要一段时间适应新的消化系统和身体构造,然后才开始摄食,但在这一过程中,由于幼蟾体形太小,口宽太小,寻找和提供幼蟾适宜的开口饲料以及驯化幼蟾开口摄食一直是蟾蜍养殖过程中的关键难点。

一、幼蟾期常见问题

幼蟾期幼蟾常因气候酷热、干旱或遭遇敌害而死亡较多,常见问题如下：

1. 气候影响

幼蟾生长发育最适宜的温度为 23～30℃，如果环境温度高于 30℃或低于 12℃，幼蟾均会产生不适，导致食欲减退，从而影响其生长发育，严重者会导致死亡。幼蟾在空气中暴晒 0.5 小时即可致死，其死亡原因一是高热，二是严重脱水，此阶段要避免阳光直射。

2. 适宜的开口饲料

由于幼蟾上岸后，体重较小，口腔的开口较小，不能进食大的昆虫，野生条件下只能吞食极小的蚂蚁、刚孵化的蜗牛或蟋蟀幼虫等。因此，养殖场要保证有适宜的幼蟾开口饲料，否则一旦幼蟾上岸，死亡率较高。

3. 肠道疾病

由于幼蟾肠道脆弱，个体小，体质弱，有的胃肠道系统还在转化中，投喂昆虫饲料或颗粒饲料不当极易引发肠炎等肠道疾病。

4. 天敌

不仅猎食成蟾的天敌都会捕食幼蟾，而且一些昆虫如大黄缘青步甲的幼虫和成虫也都能捕食幼蟾。

5. 大吃小

在养殖过程中，蟾蜍个体生长不均会造成大个体幼蟾捕食小个体幼蟾的现象出现。

二、处理方法

针对在幼蟾养殖过程中存在的上述问题，可采取以下措施：

（1）幼蟾登陆上岸以后，要保证陆地环境湿润和较高的地表空气湿度，养殖场可种植花草、农作物等植物遮阴，也可以搭设遮阴网或经常喷水，使地面保持潮湿，如利用微喷带定时喷水，保持空气湿度和地面湿润。

（2）幼蟾上岸后，养殖场应及时补充适宜大小的昆虫饲料。一般情况下，黄粉虫的幼虫、蝇蛆的幼虫等体长在 0.5～0.8 mm，这些昆虫饲料具有较好的进食效果，可有效补充能量，有利于幼蟾的生长。同时，养殖场还应注意环境的维持，不能让幼蟾只贪于躲避，不出来取食，否则会造成幼蟾的大面积死亡。幼蟾上岸后尽早取食最为重要。随着幼蟾对昆虫饲料的适应，可逐渐降低昆虫饲料的投喂量，逐步投喂颗粒饲料进行代替，降低养殖成本。

（3）幼蟾养殖过程中，幼蟾肠道疾病多发生在上岸后的几天内，可以有针对性地使用抗肠炎病的中成药以及预防其他疾病的药品。幼蟾饲料由昆虫饲料转向颗粒饲料，也是幼蟾容易得病的，此时也需要配制抗肠炎的药物及时拌料投喂。

（4）要定时巡池，及时清除幼蟾的天敌或使用昆虫灯诱杀幼蟾的昆虫天敌。

（5）当发现存在大蟾蜍捕食幼蟾现象或池内个体差异较大时，养殖场要及时对蟾蜍进行分级，将大小规格差不多的蟾蜍（相互间不能进行捕食）放在同一池内饲养，这样可以有效防止大蟾蜍捕食幼蟾现象的发生。

第五节

疾病防治

一、主要疾病

疾病是动物养殖过程中绕不开的一个重要话题，关于病害造成的损失往往是巨大的,疾病存在潜伏期长、爆发快等特点,往往使养殖户措手不及,从而造成巨大的经济损失。在中华大蟾蜍的养殖过程中,主要存在的疾病包括环境性疾病,以及细菌、真菌、病毒感染等方面的疾病,另外,对人为操作不当造成的蟾蜍机械损伤如果处置不当也会造成继发性的疾病。

二、疾病防治方法

无论养殖何种动物,养殖户都会非常关注"疾病爆发如何处理"这一问题。其实,传染病一旦爆发,或多或少都会造成一定的经济损失。因此,降低疾病发生率才是最重要的。在养殖蟾蜍方面,我们主张"预防为主,防治结合"的策略,其中预防最重要,主要的预防方法有以下几个方面。

1. 创造优良的生活环境

(1)控制水环境:蟾蜍作为水陆两栖动物,水质的好坏与其生命活动、身体发育息息相关。因此,控制好水环境是养殖蟾蜍各个阶段的重中之重。

(2)控制陆地环境:夏季注意防暑降温、保湿,冬季注意保暖。

2. 加强日常管理

(1)严格检疫:对引进的种蟾种质要有一个全面、清晰的了解;对进入场区的种蟾执行严格的消毒流程;对不同养殖池及不同作用的工具严格区分,禁止串用,对使用过的,尤其是捞取死亡蟾蜍、打扫真菌的工具及时消毒;直接接触蟾蜍尤其是患病或死亡蟾蜍的操作人员,在操作完毕后须及时进行自身和工具的消毒,防止病菌传染。

(2)科学投饲:遵循"四定原则",定时、定点、定量、定质;坚持"三看",看天、看环境、看蟾蜍情况。

(3)合理放养:养殖密度要适宜,根据蟾蜍的体重、大小分池饲养,使各养殖池内蟾蜍的大小、体重均一,减少竞争性损失。

(4)小心操作:在捕捉、运输蟾蜍的过程中应小心操作,避免蟾蜍受伤。如操作造成蟾蜍机械损伤,应及时对蟾蜍进行消毒杀菌处理,防止其伤口感染。

(5)关注天气:密切关注暴雨和极端高温天气,提前做好风险防控。暴雨天气要做好基地雨水的疏泄;极端高温天气要做好基地的降温。

蟾蜍疾病诊治的基本原则是提前发现、及时诊断、对症下药、谨防扩散。由于蟾蜍的生活习性是昼伏夜出,白天常躲在瓦砾、石块、草丛等隐蔽、湿润的地方休息,晚上出来捕食,当其患病时,养殖者往往不能及时发现,常导致病情延误、疾病加重,甚至已经发生扩散。所以,养殖中华大蟾蜍时要每日观察其活动状态和摄食等行为,如发现异常须及时采取措施。

蟾蜍疾病的诊断方法主要有3种:①问诊,询问饲养员蟾蜍发病前后的相关情况,如蟾蜍行为特征变化、死亡情况、饲喂情况、养殖基地天气变化情况、发病时间、数量,以及采取过哪些防治措施和效果等;②现场诊断,包括外在行为观察和解剖学诊断;③实验室诊断,通过显微镜观察肉眼看不到的病原体,包括寄生虫、细菌等,以确定是何种病原体感染,必要时可对病原体进行组织培养,以帮助诊断疾病。

在蟾蜍的规模化养殖过程中,蟾蜍密度往往会比较大,当其中某个蟾蜍因身体或其他原因发病时,很可能引起整个养殖池甚至养殖基地中的蟾蜍发病。因此,养殖户在蟾蜍养殖的过程中,一定要遵循"预防为主、防治结合"的原则,否则可能导致巨大的损失。表4-2、表4-3的内容是蝌蚪和成蟾的易患疾病及防治方法,供养殖户参考。

表 4-2 蝌蚪的易患疾病及防治方法

疾病名称	发病季节	主要症状	防治方法
车轮虫病	3～6 月份,在蝌蚪生长季节,水温 20～28℃时易发生	皮肤和鳃的表面有青灰色斑;尾鳍发白,严重时被腐蚀	用2%～4%的食盐水溶液浸浴 20～30 分钟,或用 0.5～0.7 mg/L 的硫酸铜-硫酸亚铁合剂(5:2)全池泼洒
舌杯虫病	3～6 月份,在蝌蚪生长季节易发生	游动迟缓,呼吸困难;尾部呈毛状,严重时感染全身	用 0.5～0.7 mg/L 的硫酸铜-硫酸亚铁合剂(5:2)全池泼洒,或用 1 g/m³ 的漂白粉(28%有效氯)泼洒
水霉病	3～6 月份,在蝌蚪生长季节易发生	体表,特别是伤口处,可见大量棉絮状浅白色丝状物	用 5 mg/L 高锰酸钾溶液浸浴 30 分钟,连续 3 天
气泡病	3～6 月份,在蝌蚪生长季节,水温 25～30℃时易发生	腹部膨大,身体失去平衡,漂浮于水面	及时换水,停止投喂食物,用 4%～5%食盐水浸泡或用 20%硫酸镁全池泼洒
出血病	3～6 月份,蝌蚪生长季节易发生	蝌蚪腹部及尾部有出血斑块,所以又称为红斑病	①将患病蝌蚪池水全池置换;②水体定期消毒;③将患病蝌蚪用一定浓度的外用杀菌药如聚维酮碘溶液浸泡 15～30 分钟

表 4-3 蟾蜍的易患疾病及防治方法

病名	发病季节	主要症状	防治方法
红腿病	5～9 月份	后肢、腹部红肿,出现红斑,肌肉充血,舌、口腔有出血性红斑	①用 5%高锰酸钾浸泡 24 小时;②用 20%磺胺脒溶液浸泡 48 小时;③用 0.7 ppm 的硫酸铜溶液消毒;④用磺胺脒饲喂 5 天

病名	发病季节	主要症状	防治方法
腹水病	3～9月份	行动迟缓,厌食,腹部膨大,水样,病灶明显	定期饲喂水产用维生素预混合饲料,增强免疫力;阿莫西林＋诺氟沙星拌饲料饲喂有一定效果
腐皮病	4～9月份	头部表皮腐烂、发白,四肢关节处腐烂,严重时蹼部骨外露,四肢红肿	用1.5 ppm的漂白粉液全区泼洒,或用维生素A营养液拌料饲喂;病蟾可用20 mg/ml高锰酸钾溶液浸泡20分钟
肠胃炎病	4～5月份或9月份	体色变浅,瘫软不活动,不吃食	每1 000 g饲料中加压碎的增效联磺片1片、酵母片2片,拌匀,饲喂几天即可治愈
脱肛病	7～9月份常见	直肠外露于泄殖腔外1～2 cm,食欲减退,行动不便,体形消瘦	可用2％～4％的淡盐水(NaCl溶液)将翻出的直肠洗干净后,塞进泄殖腔内,放在干燥陆地暂养一段时间,有一定疗效

　　疫病监测和防控活动按《陆生野生动物疫源疫病监测防控管理办法》的有关规定执行,切勿随意处理患病动物,以免造成疾病的扩散和爆发。

第六节

天敌防控

一、主要天敌介绍

中华大蟾蜍的天敌包括两栖类、爬行类、鸟类、哺乳类动物及其他动物。鸟类如野鸭、乌鸦、苍鹭等，哺乳动物类如老鼠、野猫、黄鼠狼等，爬行动物类如赤链蛇、虎斑颈槽蛇、红脖颈槽蛇等，两栖动物类如黑斑蛙、东方铃蟾等，其他如水蛭类的蚂蟥等。这些天敌都会伤害或捕食蝌蚪、幼蟾和成蟾，对蟾蜍养殖造成威胁，所以养殖过程中需要及时采取措施对蟾蜍天敌进行捕捉、驱逐甚至灭杀。

二、防控方法

不同的天敌有不同的防控方法，因此需要根据天敌的种类采取不同的措施，具体方法如表格 4-4 所示：

表 4-4　不同天敌的防控方法

动物种类	名称	危害	防控方法
哺乳类	老鼠、黄鼠狼	捕食幼蟾和成蟾，危害较大	①药物灭鼠；②在幼蟾活动频繁期建立严格的基地巡视制度，发现老鼠或黄鼠狼即刻清理、运送到别的地方或杀死；③保持养殖池四周防护网完好
爬行类	赤链蛇、虎斑颈槽蛇、红脖颈槽蛇	捕食幼蟾和成蟾	①严格巡视检查，发现蛇类及时用蛇钳、蛇笼捕捉；②保持养殖池四周防护网完好
水蛭类	蚂蟥	体表寄生，头部钻入蟾蜍皮内吸食血液，虽不能立即将成蟾致死，但能影响其生长发育，导致其免疫力低下。同时，蟾蜍皮肤受损后容易发生病原菌感染，导致其患病而死	①放养前用生石灰清池；②用 1% 的叶蝉散按照 400～500 g/亩的用量，用喷雾器喷洒或全池均匀泼洒；③用硫酸铜 0.7 ppm 或敌百虫 0.5 ppm 对池水进行消毒

动物种类	名称	危害	防控方法
鸟类	野鸭、乌鸦、苍鹭等	捕食幼蟾和成蟾，危害较大	基地上方搭设防护网
两栖类	黑斑蛙、东方铃蟾等	捕食幼蟾	及时将其从基地内捕捉清除

参考文献

[1] 国家药典委员会. 中华人民共和国药典(一部)[M]. 北京:中国医药科技出版社,2020.

[2] HJ 710.6—2014,生物多样性观测技术导则 两栖动物[S]. 北京:中国标准出版社,2014.

[3] LY/T 1565—2015,陆生野生动物饲养场通用技术条件 两栖、爬行类[S]. 北京:中国标准出版社,2015.

[4] 高子阳,姜鹏,詹常森. 中华大蟾蜍幼蟾的摄食节律研究[J]. 特种经济动植物,2022,25(02):65 - 68.

[5] 姜鹏,高子阳,詹常森. 基于蟾酥品质评价的我国中华大蟾蜍资源分布特征[J]. 中国中药杂志,2022,47(11):2924 - 2931.

[6] 高子阳,姜鹏,詹常森. 物种基原、体质量和性别对蟾酥药材质量影响的评价[J/OL]. 中国中药杂志:1 - 10[2022 - 09 - 29].